中等职业学校教材

安全知识教育

胡 颖 方龙江 陈锋德 主编

人民邮电出版社

北京

图书在版编目（CIP）数据

安全知识教育 / 刘其伟，王燕主编. —北京：人民邮电出版社，2009.2（2020.8重印）
中等职业学校教材
ISBN 978-7-115-19535-7

I. 安… II. ①刘…②王… III. 安全教育—专业学校—教材 IV. X925

中国版本图书馆CIP数据核字（2008）第202803号

内容提要

本书以问答式编写体例分 7 篇介绍职校生需要学习和了解的安全知识。内容包括安全生产与管理常识、电气安全技术基础知识、防火防爆和危险品安全知识、网络与安全知识、机械安全知识、焊接（切割）安全知识、汽车维修安全知识。结合每篇内容，书中共列举了 54 个由于不安全生产与管理引发的事故案例，并进行了事故分析。

本书为中等职业学校教材，也可作为新工人的培训教材。

中等职业学校教材

安全知识教育

◆ 主　　编　胡　颖　方龙江　陈锋德
　责任编辑　须春美
◆ 人民邮电出版社出版发行　　北京市丰台区成寿寺路 11 号
　邮编　100164　　电子邮件　315@ptpress.com.cn
　网址　http://www.ptpress.com.cn
　大厂回族自治县聚鑫印刷有限责任公司印刷
◆ 开本：700×1000　1/16
　印张：10.75　　　　2009 年 2 月第 1 版
　字数：209 千字　　　2020 年 8 月河北第 25 次印刷

ISBN 978-7-115-19535-7/TP

定价：18.60 元

读者服务热线：(010)81055256　印装质量热线：(010)81055316
反盗版热线：(010)81055315

本书编委会成员

主　编：胡　颖　方龙江　陈锋德

副主编：韩加增　张红梅　范延松

编　委：胡　颖　方龙江　陈锋德　王　燕

韩加增　张红梅　范延松　高习明

于万成　张新香　李永晟　祝　淇

前　言

人的生存依赖于社会的生产和安全。安全对于每一个人来说都是非常重要的。不讲安全，哪怕是一次小小的疏忽，就会酿成大错；不懂安全，哪怕一处小小的隐患，就能让众多的生命毁于一旦。

许多资料显示，由于人的不安全行为导致的事故占事故总数的70%～80%。美国安全专家经过大量研究，认为存在着“88:10:2”的规律，即100起安全事故中，有88起是纯属人为造成的，有10起是人和物的不安全状态造成的，只有2起所谓的“天灾”是难以预防的。由此可见，要控制事故的发生，控制人的不安全行为是关键。同时，大量的工伤事故分析统计资料表明，工伤事故与年龄存在着一定的关系，工伤事故的最大值发生在18岁至30岁之间，而且发生在入厂工作的头两年，即刚入厂工作不久的新员工最容易发生工伤事故，因此，必须要对新员工进行安全知识教育。

本书根据教育部《中小学公共安全教育指导纲要》精神，结合职业学校实际，为即将成为一名企业员工的职校生编写的。书中采用问答的形式，介绍了安全生产与管理常识、电气安全技术基础知识、防火防爆和危险品安全知识、机械安全知识、焊接（切割）安全知识、汽车维修安全知识、网络与安全知识。这些安全知识可以规范学生的实训与实习，使其了解如何工作才能避免安全事故和工作伤害，如何应对已经发生的安全事故才能化险为夷，一旦发生了安全事故如何处理和维护。

良好的安全意识是进行安全生产的首要前提，只有牢固树立“安全第一、预防为主、综合治理”的思想，才能把安全工作落到实处。如果安全知识缺乏和安全意识不强，低级失误、违规操作、违章作业现象就会发生，违章指挥现象就会出现，安全事故就会出现。因此，建议学校将本书的内容贯穿于各年级教育教学中，使学生安全地工作，安全的成长和发展，为构建社会主义和谐社会做出自己的贡献！

本书由胡颖、方龙江、陈锋德任主编，韩加增、张红梅、范延松任副主编。由于编者水平有限，加之时间仓促，书中难免存在不妥之处，恳请广大读者给予批评指正。

编　者

2011年11月

目　　录

第一篇　安全生产与管理常识

安全知识

事故案例

第三篇　防火防爆和危险品安全知识

安全知识

事故案例

第四篇　网络与安全知识

安全知识

事故案例

第五篇　机械安全知识

安全知识

事故案例

第六篇　焊接（切割）安全知识

安全知识

事故案例

第七篇　汽车维修安全知识

安全知识

事故案例

第一篇　安全生产与管理常识

安全知识

> 最珍贵的是生命，最幸福的是安全。
> 规程是生命之本，违章是安全祸根。
> 安全是效益的基石，隐患是事故的根源。

1．什么是安全?

随着人类社会的发展，安全已成为人类生存和发展的最基本条件，这已为整个人类所共识。安全的含义为没有危险、不受威胁、没有事故发生。

安全本质的含义有两个方面：一是预知、预测、分析人们活动的各个领域存在的固有和潜在的危险；二是为限制、控制、消除这些危险而采取的方法、手段和行动。本质安全是安全生产、预防为主的根本体现，也是安全生产管理的最高境界。

当人们讲到安全的时候，实际上是在研究危险；当人们提示危险，消除危险的时候，其目的是要保证安全。不能预知、掌握、控制或消除危险的所谓平安无事，是虚假的安全，不可靠的安全；仅凭人们自我感觉的安全，是危险的“安全”。宏观上讲，人类社会经济、生产科研活动不存在绝对安全。安全具有严格的时间、空间界限，具有确切的对象。

安全问题是人类生存永远处于第一位的问题。安全问题之所以存在，一方面是因为人类在探索自然、改造自然的过程中有盲区、有无知、有冒险；另一方面是因为人的智力、知识的贫乏而引起的种种失误，以及社会的、心理的、教育的等因素影响，使人们会不自觉地制造各种危险。

2．什么是安全生产？

安全生产是为了使生产过程在符合物质条件和工作秩序下进行，防止发生人身伤亡和财产损失等生产事故，消除或控制危险有害因素，保障人身安全与健康，设备和设施免受损坏，环境免遭破坏而采取的各种措施和从事的一切活动的总称。

安全生产既包括对劳动者的保护，也包括对生产、财物、环境的保护，使生产活动正常进行。安全生产是安全与生产的统一，其宗旨是安全促进生产，生产必须安全。

《中国大百科全书》把安全生产定义为“是旨在保障劳动者在生产过程中的安全的一项方针，企业管理必须遵循的一项原则”。安全生产是推动经济又好又快发展、建设和谐社会的需要。搞好安全工作，改善劳动条件，可以调动职工的生产积极性；减少职工伤亡，可以减少劳动力的损失；减少财产损失，可以增加企业效益，无疑会促进生产的发展；而生产必须安全，则是因为安全是生产的前提条件，没有安全就无法生产。

3．安全生产的意义是什么？

安全生产是国家在生产建设中一贯坚持的指导思想和重要政策，也是构建和谐社会的迫切需要，是全面落实科学发展观的必然要求，是社会主义精神文明建设的重要内容。

安全生产是企业管理的一项基本原则。

安全生产是社会安定、家庭幸福的重要因素。

安全生产是发展经济，提高生产力的重要条件。

4．我国安全生产的方针是什么？

1958 年初，全国安全生产委员会正式提出将“安全第一、预防为主”作为安全生产方针。2005 年，党的十六届五中全会提出安全生产 12 字方针，即“安全第一、预防为主、综合治理”，使我国安全生产方针进一步发展和完善，更好地反映了安全生产工作的规律和特点。

“安全第一”：要求企业在生产过程中，必须坚持“以人为本”的原则，把保护劳动者生命安全和身体健康放在第一位，应尽最大努力避免人员伤亡，避免职业病的发生；要求劳动者在工作岗位上，应把落实安全生产法规、充分满足安全卫生需要摆在第一位，不违章操作。当生产任务同劳动安全发生矛盾时，实行“生产服从安全”的原则，在排除不安全生产因素后再进行生产。

“预防为主”：要求企业应加强对安全事故和职业危害的预防工作，减少或避免事故发生，减轻职业危害；应尽力采用先进设备和技术，确保安全生产；应加强安全教育，提高劳动者的安全意识；应运用先进的技术手段和现代安全管理方法，预测和预防危险因素的产生，将危险和安全隐患消灭在萌芽状态。

“综合治理”：要求各级政府、各分管部门、各企业要树立全局观念，按照法律、法规要求对涉及安全生产的问题统筹解决，落实安全责任，治理事故隐患，解决安全生产存在的问题。

5．什么是安全生产管理？

针对生产过程的安全问题，运用有效的资源，发挥人的智慧，通过人们的努力，进行有关决策、计划、组织、控制等活动，实现生产过程中人与机器设备、物料、环境的和谐，达到安全生产的目标，称为安全生产管理。

安全生产管理的基本任务包括以下内容。

（1）全面落实“安全第一、预防为主、综合治理”的安全生产方针，深入贯彻落实国家安全生产的各项法律法规。

（2）制定与企业生产特点相适应的各种规程、规定和制度，并认真贯彻实施。

（3）积极采取各种安全工程技术措施，进行技术创新和综合治理，使企业生产设备和设施达到本质安全的要求。

（4）做好劳动保护工作，保障劳动者身心健康。

（5）加强安全教育与培训，提高劳动者的安全意识和安全素质。

（6）认真做好安全事故的调查、处理、上报工作。

（7）进行管理制度创新和安全管理技术创新，深化企业安全管理工作。

6. 什么是安全教育？

安全教育亦称安全生产教育，是一项为提高职工安全技术水平和防范事故能力而进行的教育培训工作。安全教育是有计划地向企业干部、新职工进行思想政治教育，灌输劳动保护方针政策和安全知识，通过典型经验和事故教训，促使干部职工不断认识和掌握企业不安全、不卫生的因素和伤亡事故规律。安全生产是实现安全文明生产，进行智力投资，全面提高企业素质的一项根本性的重要工作。

《企业职工劳动安全卫生教育管理规定》对安全生产教育工作提出了明确的规定。企业单位对新职工上岗前必须进行厂级、车间级、班组级“三级”教育（三级安全教育时间不得少于40学时），并且经过考试合格后，才能准许其进入操作岗位；对于从事特种作业的人员必须经过专门的安全知识与安全操作技能培训，并经过考核，取得特种作业资格，方可上岗工作；企业职工调整工作岗位或离岗一年以上重新上岗时，必须进行相应的车间级或班组级安全教育；企业在实施新工艺、新技术或使用新设备、新材料时，必须对有关人员进行相应的有针对性的安全教育。

7. 安全生产教育的内容有哪些？

（1）思想政治教育。旨在提高干部、职工的安全意识，自我保护意识，端正态度，实现安全“要我做”向“我要做”的转化，牢固树立“安全第一”的思想。

（2）劳动保护方针、政策、法规、规章制度、劳动纪律教育。旨在增强职工法制观念，深刻理解党和政府的劳动保护方针、政策、规定，并认真贯彻执行，遵章守纪。

（3）安全技术知识教育。包括安全技术、劳动卫生技术和专业安全技术操作规程，旨在使职工掌握预防事故和职业危害的科学技术知识。

（4）典型经验和事故教训教育。学习典型先进经验既可使职工受到教育和启发，又可结合实际对照先进找出差距，使工作进一步提高；通过事故原因及责任的分析，可使职工接受教训、改进工作，预防发生重复事故。

8. 什么是安全生产技术知识教育？

（1）一般生产技术知识教育

生产技术知识是人类在征服自然的斗争中所积累起来的知识、技能和经验。安全技术知识是生产技术知识的组成部分，要掌握安全技术知识，首先要掌握一般的生产技术知识。主要内容包括：企业的基本生产概况、生产技术过程、作业方法或工艺流程，与生产技术过程和作业方法相适应的各种机具设备的性能和知识，职工在生产中积累的操作技能和经验，以及产品的构造、性能、质量、规格等方面的教育。

（2）一般安全生产技术知识教育

一般安全生产技术知识是企业所有职工都必须具备的基本安全生产技术知识。主要内容包括：企业内的危险设备和区域及其安全防护的基本知识和注意事项，有关电气设备（动力及照明）的基本安全知识，起重机械和厂内运输有关的安全知识，生产中使用的有毒有害原材料或可能散发的有毒有害物质的安全防护基本知识，企业中一般消防制度和规则，个人防护用品的正确使用以及伤亡事故报告办法等方面的教育。

（3）专业安全生产技术知识教育

专业安全生产技术知识是指某一作业的职工必须具备的专业安全生产技术知识。主要内容包括：安全生产技术知识、工业卫生技术知识以及根据这些技术知识和经验制定的各种安全生产操作规程等方面的教育。内容涉及锅炉、压力容器、起重机械、电气、焊接、防爆、防尘、防毒、噪声控制等。

进行安全生产技术知识教育，不仅对缺乏安全生产技术知识的人需要，而且对具有一定安全生产技术知识或专业安全生产技术和经验的人也是非常必要的。一方面，因为知识是无止境的，需要不断地学习和提高，防止片面性和局限性。事实上有许多伤亡事故，就是只凭“经验”或麻痹大意、违章作业而引起的。另一方面，随着新设备、新材料、新技术的不断出现，需要有与之相适应的安全生产技术，否则就不能满足生产发展的要求。

9. 什么是安全生产的“三级”教育？

入厂三级安全教育是指企业对新招收的职工、新调入的职工、来厂实习的学生或其他人员上岗前所进行的“三级”安全教育，即企业、车间和班组三级安全生产教育。

（1）企业级安全生产培训教育的主要内容有：安全生产基本知识，国家和地方有关安全生产的方针、政策、法规、标准、规范，企业的安全生产规章制度，劳动纪律，企业和工作岗位存在的危险因素、防范措施及事故应急措施，事故案例分析。

（2）车间级安全生产培训教育的主要内容有：本车间的安全生产状况和规章制度，

本车间作业场所和工作岗位存在的危险因素、防范措施及事故应急措施，事故案例分析。

（3）班组级安全培训教育的主要内容有：本岗位安全操作规程，生产设备、安全装置、劳动防护用品（用具）的正确使用方法，事故案例分析。

10．什么是“三违”现象？

“三违”是指违章指挥、违章作业和违反劳动纪律。

（1）违章指挥现象：企业负责人和有关管理人员法制观念淡薄，缺乏安全知识，思想上存有侥幸心理，对国家、集体的财产和人民群众的生命安全不负责任，明知不符合安全生产有关条件，仍指挥作业人员冒险作业。

（2）违章作业现象：作业人员没有安全生产常识，不懂安全生产规章制度和操作规程，或者在了解基本安全知识的情况下，在作业过程中，违反安全生产规章制度和操作规程，不顾国家、集体的财产和他人、自己的生命安全，擅自作业，冒险蛮干。

（3）违反劳动纪律现象：上班时不遵守劳动纪律，违反劳动纪律进行冒险作业，造成不安全因素。

11．什么是“五项规定”？什么是“五同时”？

“五项规定”是国务院 1963 年 3 月 30 日发布的《关于加强企业生产中安全工作的几项规定》，是经长期的安全生产、劳动保护管理实践证明的成功制度与措施。主要内容包括：（1）安全生产责任制；（2）编织劳动保护措施计划；（3）安全生产教育；（4）安全生产定期检查；（5）伤亡事故的调查和处理。

《关于加强企业生产中安全工作的几项规定》中同时明确提出了“管生产必须管安全”的原则和做到“五同时”，即在计划、布置、检查、总结、评比生产的同时，要计划、布置、检查、总结、评比安全工作。

12．什么是安全生产责任制？

安全生产责任制是根据我国的安全生产方针和安全生产法规建立的各级领导、职能部门、工程技术人员、岗位操作人员在劳动生产过程中对安全生产层层负责的制度。安全生产责任制是企业岗位责任制的一个组成部分，是企业中最基本的一项安全制度，也是企业安全生产、劳动保护管理制度的核心。安全生产责任制是最基本的一项安全生产制度，是其他各项安全生产规章制度得以切实实施的基本保证。《中华人民共和国安全生产法》对生产经营单位和企业必须实行这项制度提出了明确要求。

13．职工的安全生产职责是什么？

（1）遵守安全生产规章制度和劳动纪律，不违章作业，并要随时制止他人违章作业。

（2）遵守有关设备的维修保养制度中职工应做到的条款，为设备安全与正常运转尽到责任。

（3）爱护和正确使用机器设备、工具及个人防护用品，经常关心自己周围的安全生产情况，向有关领导或有关部门提出合理化建议或意见。

（4）发现事故隐患和不安全因素要及时向班组长或有关部门汇报情况，发生工伤事故要及时抢救伤员、保护现场、报告领导，同时要协助有关调查人员做好调查工作。

（5）努力学习和掌握安全知识和技能，熟练掌握本工种操作程序和安全操作规程，积极参加各种安全生产宣传、教育、评比、竞赛、管理活动，牢固树立“安全第一”的思想和自我保护意识，遵章守纪，有权拒绝违章指挥，对个人安全生产负责。

14．什么是“三不伤害”？

“三不伤害”是指“不伤害自己、不伤害他人、不被他人伤害。”首先确保自己不违章，保证不伤害到自己，不去伤害到别人。要做到不被别人伤害，这就要求我们要有良好的自我保护意识，要及时制止他人违章。制止他人违章既保护了自己，也保护了他人。

大力倡导“三不伤害”的目的是强化职工的自我保护意识，提高职工的自我保护能力，使职工成为安全生产的责任者、安全工作的管理者和规章制度的执行者。

15．什么是违章违纪？

违章违纪是指作业者违反作业安全规章及劳动安全纪律；生产管理者违章包括违反安全生产纪律指挥。遵章守纪是一种自我约束能力的体现，一个人的自我约束能力，产生于他的行为价值观念，即行为动机。

16．违章违纪的动机是什么？

人的行为动机是由两个因素决定的：一是对行为目的追求的程度，即对行为后果的期望程度，体现为对行为后果价值的判断。行为后果对行为者的价值越大，行为的动机就越强烈，如计件工资、高额奖金、自我实现等都可能成为行为动机。

二是行为者对自己行为能力的估计。行为者的能力越强，技术越好，经验越丰富，可利用的条件越多，则行为成功的把握就越大，行为动机就越强烈，反之亦然。

最后形成行为动机的是行为者对上述两个方面（行为价值与行为能力）的综合比较，可称为行为风险估量。人们有时犯违章违纪的错误，就是由于过高地看重行为后果的价值，又过低地估计自己失败的可能性，形成了行为风险估量的错误。

每次违章违纪并不是必定会发生事故，这就给人造成一种错觉，好像事故是偶然的，违章违纪并没什么危险。其实不然，统计表明，绝大多数事故，都直接或间接地与违章违纪相关，这就是违章违纪与事故的必然性及规律性联系。

不论是生产者违章违纪，还是管理者违章指挥，都是对行为风险估量错误而形成的错误行为，因此，约束员工遵章守纪的关键是对遵章守纪的正确认识，只有科学的认识，才会有科学的态度，才能克服侥幸心理，才能自觉地约束自己遵章守纪。

17. 建筑施工现场的主要安全事故有哪些？

建筑业属于事故多发的高危险行业，其中高处坠落、触电事故、物体打击、机械伤害和坍塌事故为建筑业最常发生的事故，占事故总数的95%以上，称为“5大伤害”。

其他建筑施工易发生的事故还有火灾、中毒和窒息、火药爆炸、车辆伤害、起重伤害、淹溺、灼烫、锅炉爆炸、容器爆炸、其他爆炸、其他伤害等。

18. 进入建筑施工现场应遵循哪些基本安全纪律？

（1）进入施工现场必须戴好安全帽，系好帽带，并正确使用个人劳动防护用品。

（2）穿拖鞋、高跟鞋、赤脚或赤膊不准进入施工现场。

（3）未经安全教育培训合格者不得上岗，非操作者严禁进入危险区域；特种作业必须持特种作业资格证上岗。

（4）凡2m以上的高处作业无安全设施，必须系好安全带；安全带必须先挂牢后再作业。

（5）高处作业材料和工具等物件不得上抛下掷。

（6）穿硬底鞋不得进行登高作业。

（7）机械设备、机具使用，必须做到“定人、定机”制度；未经有关人员同意，非操作人员不得使用。

（8）电动机械设备，必须有漏电保护装置和可靠保护接零，方可启动使用。

（9）未经有关人员批准，不得随意拆除安全设施和安全装置；因作业需要拆除的，作业完毕后，必须立即恢复。

（10）井字架吊篮、料斗不准乘人。

（11）酒后不准上班作业。

19. 什么是特种作业？

特种作业人员的安全技术素质及行为对安全生产至关重要，许多重大、特大事故就是因为这些作业人员的违章造成的。

根据《特种作业人员安全技术培训考核管理办法》（1999年7月12日国家经济贸易委员会第13号令）规定，特种作业是指容易发生人员伤亡事故，对操作者本人、他人及周围设施的安全有重大危害的作业。直接从事这些作业的人员，即特种作业人员，必须具备的基本条件是：（1）年满18周岁；（2）身体健康、无妨碍从事相应工种作业的疾病和生理缺陷；（3）初中以上文化程度，具备相应工程的安全技术知识，参加国家规定的安全技术理论和实际操作考核并成绩合格；（4）符合相应工种作业特点需要的其他条件。

《特种作业人员安全技术培训考核管理办法》界定的特种作业包括：电工作业；金属焊接切割作业；起重机械（含电梯）作业；企业内机动车辆驾驶；登高架设作业；锅炉作业（含水质化验）；压力容器操作；制冷作业；爆破作业；矿山通风作业（含瓦斯检验）；矿山排水作业（含尾矿坝作业）；由省、自治区、直辖市安全生产综合管理部门或国务院行业主管部门提出，并经前国家经济贸易委员会批准的其他作业。上述12类作业人员为特种作业人员，这些人员在独立上岗前，必须进行与本工种相适应的、专门的安全技术理论学习和实际操作训练，要求持证上岗。

特种作业操作证由原国家经济贸易委员会制作，并由当地安全生产综合管理部门负责签发；特种作业操作证，每两年复审一次。连续从事本工种10年以上的，经用人单位进行知识更新教育后，复审时间可延长至每4年一次；离开特种作业岗位达6个月以上的特种作业人员，应当重新进行实际操作考核，经确认合格后方可上岗作业。

20. 什么是有意识不安全行为？

不安全行为指能造成事故的人为错误。包括两个含义，一是指易于引发事故的行为，二是指在事故过程中扩大事故损失的行为。不安全行为从其产生的根源可以分为有意识不安全行为（简称有意不安全行为）和无意识不安全行为（简称无意不安全行为）两大类。

有意识不安全行为，是指行为者为追求行为后果价值在对行为的性质及行为风险具有一定认识的思想基础上，表现出来的不安全行为，也就是说有意识不安全行为是在有意识的冒险动机支配之下产生的行为。

有意识不安全行为动机是两个方面原因共同结合的产物：一是对行为后果价值过分追求的动力和对自己行为能力的盲目自信，造成行为风险估量的错误；二是由于个人安全文化素质较低（即行为者缺乏安全行为的自觉性），再加上企业没有建设起较强的安全文化场（即企业群体缺乏对不安全行为的约束力），使行为者的不安全行为动机不能得到有力的校正。

21. 什么是无意识不安全行为？

无意识不安全行为，是指行为者在行为时不知道行为的危险性；或者没有掌握该项作业的安全技术，不能正确地进行安全操作；或者行为者由于外界的干扰而采用错误的违章违纪作业；由于行为者出现生理及心理的偶然波动破坏了其正常行为的能力而出现危险性操作等。

无意识不安全行为属于人的失误，按产生失误的根源可以将其分为两种，一种是随机失误，另一种是系统失误。

随机失误是指行为者具有安全行为能力，也知道不安全行为的危害，但是由于外界的干扰（如违章指挥等），或行为者自身出现的生理心理状况恶化（如疾病、疲劳、情绪波动等）发生的不安全行为。在出现生理及心理状况恶化状态下作业，多数是行为者个人没有能力控制自己，又没有恰当地安排好自己的工作，这显然是行为者个人的责任。如果生产管理者已经掌握了行为者的状态而未给予适当的调节，甚至坚持进行较危险的操作，则其失误的原因就应属于管理失职，也可以归为违章指挥的范围。

系统失误有两种：第一种是人机界面设计不当，不能与人的生理、心理条件匹配，创造了必然失误的作业条件，属于人和工程设计问题；第二种是行为者不具备从事该项作业的安全行为能力，或者不知道该项作业的安全操作规程，或者只知道一些安全作业条文，而不具备安全操作技术，因此在作业中，凭借自己想象的方法蛮干。也就是说行为者本身就具有必然失误的条件，造成这种情况的主要原因是管理者用人不当，或者没有对行为者进行认真的培养和严格安全能力考核，显然出现这种情况是属于违章指挥的结果。

22．哪些行为属于不安全行为？

《企业职工伤亡事故分类》中规定的不安全行为包括以下内容。

（1）操作错误，忽视安全，忽视警告。未经许可开动、关停、移动机器；开动、关停机器时未给信号；开关未锁紧，造成意外转动、通电或泄漏等；忘记关闭设备；忽视警告标志、警告信号；操作错误（指按钮、阀门、搬手、把柄等的操作）；奔跑作业；供料或送料速度过快；机械超速运转；违章驾驶机动车；酒后作业；客货混载；冲压机作业时，手伸进冲压模；工件紧固不牢；用压缩空气吹铁屑。

（2）造成安全装置失效。拆除了安全装置；安全装置堵塞，失掉了作用；调整的错误造成安全装置失效。

（3）使用不安全设备。临时使用不牢固的设施；使用无安全装置的设备。

（4）手代替工具操作。用手代替手动工具；用手清除切屑；不用夹具固定、用手拿工件进行机加工。

（5）物体（指成品、半成品、材料、工具、切屑和生产用品等）存放不当。

（6）冒险进入危险场所。冒险进入涵洞；接近漏料处（无安全设施）；采伐、集材、运材、装车时，未离危险区；未经安全监察人员允许进入油罐或井中；未“敲帮问顶”开始作业；冒进信号；调车场超速上下车；易燃易爆场合明火；私自搭乘矿车；在绞车道行走；未及时瞭望。

（7）攀、坐不安全位置（如平台护栏、汽车挡板、吊车吊钩）。

（8）在起吊物下作业、停留。

（9）机器运转时，做加油、修理、检查、调整、焊接、清扫等工作。

（10）有分散注意力行为。

（11）在必须使用个人防护用品用具的作业或场合中，忽视其使用。未戴护目镜或面罩；未戴防护手套；未穿安全鞋；未戴安全帽；未佩戴呼吸护具；未佩戴安全带；未戴工作帽。

（12）不安全装束。在有旋转零部件的设备旁作业穿过肥大服装；操纵带有旋转零部件的设备时戴手套。

（13）对易燃、易爆等危险物品处理错误。

23．哪些属于不安全状态？

不安全状态指能导致事故发生的物质条件。

（1）防护、保险、信号等装置缺乏或有缺陷。①无防护：无防护罩，无安全保险装置，无报警装置，无安全标志，无护栏或护栏损坏，（电气）未接地，绝缘不良，无消声系统，噪声大，危房内作业，未安装防止“跑车”的挡车器或挡车栏。②防护不当：防护罩未在适当位置，防护装置调整不当，坑道掘进、隧道开凿支撑不当，防爆装置不当，采伐、集材作业安全距离不够，放炮作业隐蔽所有缺陷，电气装置带电部分裸露。

（2）设备、设施、工具、附件有缺陷。①设计不当、结构不全安全要求：通道门遮挡视线，制动装置有缺陷，安全间距不够，拦车网有缺陷，工件有锋利毛刺、毛边，设施上有锋利倒棱。②强度不够：机械强度不够，绝缘强度不够，起吊重物的绳索不合安全要求。③设备在非正常状态下运行：带“病”运转、超负荷运转。④维修、调整不当：设备失修，地面不平，保养不当、设备失灵。

（3）个人防护用品用具——防护服、手套、护目镜及面罩、呼吸器官护具、听力护具、安全带、安全帽、安全鞋等缺少或有缺陷。①无个人防护用品、用具；②所用防护用品、用具不符合安全要求。

（4）生产（施工）场地环境不良。①照明光线不良：照度不足，作业场地烟雾尘弥漫视物不清，光线过强；②通风不良：无通风，通风系统效率低，风流短路，停电停风时放炮作业，瓦斯排放未达到安全浓度时放炮作业，瓦斯浓度超限。③作业场所狭窄。④作业场地杂乱：工具、制品、材料堆放不安全；采伐时，未开“安全道”；迎门树、坐殿树、搭挂树未作处理。

（5）交通线路的配置不安全。

（6）操作工序设计或配置不安全。

（7）地面滑。地面有油或其他液体，冰雪覆盖，地面有其他易滑物。

（8）储存方法不安全。

（9）环境温度、湿度不当。

24．常见的“不安全”的心理状态有哪些？

（1）自我表现心理。这种心理在青年职工身上较为突出。他们虽然进厂年限短，但常常表现得很自信，很有把握，在别人面前喜欢表现自己的能力。有的不懂装懂、盲目操作；有的一知半解充内行，生硬作业；甚至有的充“好汉”，乱摸乱动。对这些好自我表现的心理，如果不及时加以纠正或制止，是很危险的。

（2）“经验”心理。持有这种心理状态的职工，其特点是凭自己片面的“经验”办事，对别人合乎道理的劝告常常听不进，经常说的话是“多少年来一直是这样干的，也没出事”。有的技术上有一套、工作热情很高的老职工发生事故，多数原因在于过分相信“自我经验”上。

（3）侥幸心理。完成一些操作，往往可以采取几种不同的方法。有些安全操作方法往往较为复杂，而存在侥幸心理的人从图省事出发，常把安全操作方法视为多余的，理由是“别的省事方法也不一定出事故”。把“不一定”这种“偶然”当作“一定”的“必然”。于是，对明明要注意的事项他不去注意，明令严禁的操作方法他照样去做。这种人常常是出了事故才后悔莫及。

（4）随众心理。这是一种较为普遍的心理状态。绝大多数人在不同场合、不同环境下，都会有所表现。例如，有一个铸工车间，多数人是赤膊工作，而少数穿衣服作业的人就会跟着赤起膊来；有一个机械加工工段，常有人戴手套操作机床，而且没有人去纠正，后来有这种违章现象的人越来越多。这就是不少单位有章不循，出现集体违章作业现象的原因。

（5）逆反心理。这种心理常常表现在被管理者与管理者关系紧张的情况下。持这种心态的职工往往气大于理，他的指导思想常常是“你要我这样干，我非要那样做”。由于逆反心理而违章工作，以致发生事故的不乏其例。

（6）反常心理。人的情绪的形成通常受到生理、家庭、社会等多方面因素的影响，反映这种心态的现象很多。例如，处于更年期的职工，有时会莫名其妙地表现得情绪烦躁、忘性大；夫妻间争吵后上班的职工，多数心情急躁或闷闷不乐；有孩子生病在家或家有牵肠挂肚之事的职工，在岗位上会心神不定。俗话说一心不能二用，职工在反常心理状态得不到缓解的情况下，工作很容易出事故。

25．什么是安全色？

安全色是表达“禁止”、“警告”、“指令”、“提示”等安全信息含义的颜色。安全色是根据颜色给予人们不同的感受而确定的，所以要求容易辨认和引人注目。

国家标准 GB2893—2001 中规定，红、蓝、黄、绿 4 种颜色为安全色，这 4 种颜色的特征、含义及用途如表 1-1 所示。

表 1-1　　4 种安全色的特征、含义及用途

颜　色	特　征	含　义	用　途
红色	很醒目，使人们在心理上会产生兴奋感和刺激性；不易被尘雾所散射，在较远的地方也容易辨认	表示危险、禁止和紧急停止的信号	禁止标志 停止信号：机器、车辆上的紧急停止手柄，以及禁止人们触动的部位等。也表示防火
蓝色	与白色相配合使用效果更好，特别是在太阳光直射的情况下较明显	命令 必须遵守的规定	命令标志：如必须佩戴个人防护用具，道路上指明车辆和行人行使方向的命令等
黄色	黄色对人眼能产生比红色更高的明度，黄色与黑色组成的条纹是视认性最高的色彩，特别能引起人们的注意	警告 注意	警告标志 警戒标志：如厂内危险机器的警戒线、机械齿轮箱内部、安全帽等
绿色	新鲜、年轻、青春的象征，具有和平、永远、生长、安全等心理效应	提示 安全状态 通行	提示标志 车间内的安全通道 消防设备及其他安全保护设备的位置等

注：（1）蓝色只有与几何图形同时使用时，才表示指令；

（2）为了不与道路两旁绿色行道树相混淆，道路上的提示标志用蓝色。

为了使人们对周围存在不安全因素的环境、设备引起注意，需要涂以醒目的安全色以提高人们对不安全因素的警惕是十分必要的。另外，统一使用安全色，能使人们在紧急情况下，借助于所熟悉的安全含义，尽快识别危险部位，及时采取措施，提高自控能力，有助于防止事故的发生。但必须注意，安全色本身与安全标志一样，不能消除任何危险，也不能代替防范事故的其他措施。

在涂有安全色的部件，应经常保持清洁，半年至一年应检查一次，如有变色、褪色等不符合安全色的颜色规定时，应及时重涂，以保证安全色的正确、醒目。

26. 国家标准规定的对比色是什么？

为使安全色更加醒目，可使用对比色为其反衬色。国家标准规定的对比色为黑、白两种颜色，对于安全色来说，什么颜色的对比色用白色，什么颜色的对比色用黑色决定于该色的明度。所以黄色的对比色用黑色，红、蓝、绿 3 种颜色的对比色用白色。

用安全色和其对比色制成的间隔条纹标示，能显得更加清晰醒目。

间隔的条纹标示有红色与白色相间隔的条纹，表示禁止通行、禁止跨越等，用于公路交通的防护栏杆以及隔离礅。黄色与黑色间隔条纹表示特别注意，用于起重机吊钩、低管道及坑口防护栏杆等。

27. 什么是安全标志？

安全标志是根据国家标准规定，用以表达特定的安全信息含义的颜色、图形和符号，由安全色、几何图形和图形符号构成。它以形象而醒目的信息语言向人们提供表达禁止、警告、命令、提示等安全信息。

安全标志是一种国际通用的信息。航空、航运、内河航运上的安全标志，不属于这个范畴。

28. 安全标志分为哪几类？

安全标志分为禁止标志、警告标志、命令标志和提示标志 4 类。

（1）禁止标志的含义是禁止人们的不安全行为。带斜杠的圆形环是禁止标志的几何图形。圆形环与斜杠为红色，图形符号为黑色，其背景为白色。人们习惯用符号“X”表示禁止或不允许。但是，如果在圆环内画上“X”会使图像不清晰，影响视认效果。因此改用“\”即“X”一半来表示“禁止”。这样做与国际标准化组织的规定是一致的。

（2）警告标志的含义是提醒人们对周围环境引起注意，以避免可能发生的危险。正三角形“△”是警告标志的几何图形。三角形的边框和图形符号为黑色，其背景为有警告意义的黄色。三角形引人注目，即使光线不佳时也比圆形清楚。国际标准草案文件中也把三角形作为“警告标志”的几何图形。

（3）命令标志的含义是强制人们必须做出某种动作或者采取防范措施。圆形“○”是命令标志的几何图形。图形符号为白色，其背景为具有指令含义的蓝色。标有“命令标志”的地方，就是要求人们到达这个地方，必须遵守“命令标志”的规定。例如，进入施工工地，工地附近有“必须戴安全帽”的命令标志，则必须将安全帽戴上，否则就是违反了施工工地的安全规定。

（4）提示标志的含义是向人们提供某种信息（指示目标方向、标明安全设施或场所等）。正方形是指示标志的几何图形，图形符号及文字为白色，其背景为绿色。长方形给人以安定感，另外提示标志也需要有足够的地方书写文字、画出箭头，以提示必要的信息，所以用长方形也是适宜的。

29. 什么是事故？预防事故的基本原则是什么？

事故是指造成人员死亡、伤害、职业病、财产损失或者其他损失的意外事件。事故隐患泛指生产系统中可导致事故发生的人的不安全行为、物的不安全状态和管理上的缺陷。

危险源是指可能造成人员伤害、疾病、财产损失、作业环境破坏或其他损失的根源或状态。

预防事故的基本原则如下。

（1）事故可以预防。在这种原则基础上，分析事故发生的原因和过程，研究防止事故发生的理论及方法。

（2）防患于未然。事故与后果存在着偶然性关系，积极有效的预防办法是防患于未然。只有避免了事故，才能避免事故造成的损失。

（3）根除可能的事故原因。任何事故的出现，总是有原因的，事故与原因之间存在着必然性的因果关系。为了使预防事故的措施有效，应当对事故进行全面的调查和分析，准确地找出直接原因、间接原因以及基础原因，所以，有效的事故预防措施，来源于深入的原因分析。

（4）全面治理的原则。这是指对于引起事故的各种重要的原因，必须全面考虑、缺一不可。预防上述 3 种原因的相应对策为技术对策、教育对策及法制（或管理）对策。这是事故预防的 3 根支柱。如果只是片面地强调某一根支柱，事故预防的效果就不好。

30. 伤亡事故如何分类？

伤亡事故指企业职工在生产劳动过程中发生的人身伤害、急性中毒事件事故。具体可理解为：职工在本岗位劳动，或虽不在本岗位劳动，但由于企业的设备和设施不安全、劳动条件和作业环境不良所发生的轻伤、重伤、死亡事故。

（1）事故类别：《企业职工伤亡事故分类标准》（GB6411－1986）将事故分为 20 类：物体打击；车辆伤害；机械伤害；起重伤害；触电；淹溺；灼烫；火灾；高处坠落；坍塌；冒顶片帮；透水；放炮；火药爆炸；瓦斯爆炸；锅炉爆炸；容器爆炸；其他爆炸；中毒和窒息；其他伤害。

（2）伤害程度分类：伤害程度分为轻伤、重伤和死亡。

轻伤：是指造成职工肢体伤残，或某些器官功能性或品质性轻度损伤，表现为劳动能力轻度或暂时丧失的伤害。损失工作日（指被伤害者失能的工作时间）为 1 个工作日以上（含 1 个工作日），105 个工作日以下的失能（受伤害者失去劳动能力的简称）伤害。

重伤：是指造成职工肢体残缺或视觉、听觉等器官受到严重损伤，一般能引起人体长期存在功能障碍，或劳动能力有重大损失的伤害。损失工作日等于和超过 105 工作日的失能伤害。其损失工作日定为 6 000 日。

死亡：是指在 30 天内死亡的（因医疗事故的除外，但必须得到医疗鉴定部门的确认），均按死亡事故报告统计。失踪 30 天后，按死亡进行统计。其损失工作日定为 6 000 日。

各种伤害情况的损失工作日数，可按国家标准 GB6411—86 中的有关规定计算或选取。累计超过 6 000 日的，执行 6 000 日的标准。

（3）事故严重程度分类：事故严重程度分为轻伤事故、重伤事故和死亡事故。

轻伤事故：指只有轻伤的事故。

重伤事故：指有重伤无死亡的事故。

死亡事故：①重大伤亡事故，指一次事故死亡 1～2 人的事故；②特大伤亡事故，指一次事故死亡 3 人以上的事故（含 3 人）。

31．伤亡事故发生后，怎样进行事故报告？

为了及时报告、统计、调查和处理职工伤亡事故，积极采取预防措施，防止伤亡事故，1991 年 3 月 1 日国务院制定了《企业职工伤亡事故报告和处理规定》。其中中对伤亡事故报告程序规定如下。

（1） 伤亡事故发生后，负伤者或者事故现场有关人员应当立即直接或者逐级报告企业负责人。

（2）企业负责人接到重伤、死亡、重大死亡事故报告后，应当立即报告企业主管部门和企业所在地劳动部门、公安部门、人民检察院、工会。

（3）企业主管部门和劳动部门接到死亡、重大死亡事故报告后，应当立即按系统逐级上报；死亡事故报至省、自治区、直辖市企业主管部门和劳动部门；重大死亡事故报至国务院有关主管部门、劳动部门。

（4）发生死亡、重大死亡事故的企业应当保护事故现场，并迅速采取必要措施抢救伤员和财产，防止事故扩大。

32．在处理伤亡事故时实施“四不放过”的原则是什么？

对伤亡事故的处理实施“四不放过”原则，即发生的事故原因分析不清不放过；事故责任者和群众没有受到教育不放过；没有落实防范措施不放过；事故责任人没有受到处罚不放过。

坚持事故处理的“四不放过”原则目的是通过对安全生产事故进行严肃认真的调查，找出事故发生的原因，提出防止相同或类似事故发生的切实可行的预防措施，并督促事故发生单位加以实施，对事故责任者要严格按照安全事故责任追究规定和有关法律、法规的规定进行严肃处理，以消除发生事故的隐患，防止同类事故重复发生。坚持事故处理的“四不放过”原则，同样体现了“预防为主”的安全生产方针。

33．什么是安全文化？

国家安全生产监督管理局编写的《企业法定代表人（厂长经理）安全管理读本》对安全文化所下的定义是：安全文化是人类安全活动所创造的安全生产、安全生活的精神、观念、行为与物态的总和。这种定义建立在“大安全观”和“大文化观”的概念基础上，在安全观方面包括企业安全文化、全民安全文化、家庭安全文化等；在文化观方面既包含精神、观念等意识形态的内容，也包括行为、环境、物态等实践和物质的内容。

文化是一个社会、一个国家、一个民族、一个时代普遍认同并追求的价值观和行为准则，是生活方式的理性表达。重视安全，尊重生命，是先进文化的体现；忽视安全，轻视生命，是落后文化的表现。安全文化是决定人员安全品质的关键素质。

34．什么是安全意识？

系统论认为，安全意识是以人、物（自然物或人造物）及人与物这三要素的安全状态为客观对象的主观反映。安全意识可分为个体安全意识、群体安全意识、社会安全意识等几个层次。哲学的观点认为，安全意识是指对人的身心免受不利因素影响的存在条件与状态所持有的心理活动总和。它是人们对生产、生活中所有可能伤害自己或他人的客观事物的警觉和戒备的心理状态。

安全意识主要包括两方面的心理活动：一是对外在客观环境的人与物进行认知、评价和结果决断；二是在认知、评价和结果决断的基础上，决定个人的行为，并进行适当的心理调节，以保障人身安全。

安全意识有两种职能：一是通过感觉、知觉、记忆、思维、想象等对现实的认识方面的心理过程，对外在客观事物的安全状态进行反映；二是对人的动作行为进行决策和控制，使自己或他人免受伤害。

安全意识是引导人们科学地认识和解决安全问题的根本途径。从安全意识的研究着手，针对各种事故和灾害的个案进行分析，找出人的安全意识的不足，从而找出强化和提高人们安全意识的方法与手段，达到保护人的身心安全与健康的目的。先进的安全意识是可以预见危害，给人以警示。

安全意识差的表现为：思想麻痹、工作马虎、侥幸心理、法制观念淡薄、纪律松弛、冒险作业、违章蛮干、对事故隐患无动于衷等。

安全意识强的表现为：遵纪守法、做事认真、按章作业、精力集中、事事想到安全第一、对事故隐患有一定的预见性等。

35．什么是劳动保护？

劳动保护即保护劳动者在生产劳动过程中的生命安全和身体健康。

在生产劳动过程中，由于种种因素，可能引发一些安全事故，从而危及劳动者的生命安全，造成劳动者人身伤害甚至死亡；由于劳动环境差，还可能造成劳动者身体不适，使劳动者患上各种疾病，甚至由这些疾病导致劳动者伤残或死亡。劳动保护就是要通过各种措施，减少或避免安全事故的发生，改善劳动卫生环境条件，有效地保障劳动者生命安全和身体健康。

劳动保护的内容包括劳动安全、劳动卫生、女工保护、未成年工保护、工作时间、休假制度等。

我国的劳动保护已经通过立法予以规范。劳动法律体系主要包括劳动保护法律（如宪法、劳动法、安全生产法、职业病防治法等）、劳动保护行政法规（如工伤保险条例、特种作业人员技术培训考核管理办法、危险化学品安全管理条例等）和劳动保护国家标准（如五项规定、三大规程、职业安全标准等）。

36．劳动保护工作的主要任务是什么？

劳动保护工作的主要任务是要采取积极有效的组织措施和技术措施，保护劳动者在生产过程中的安全与健康。具体包括以下几个方面。

（1）采取安全技术，即采取各种保证安全生产的技术措施，控制和消除生产过程中容易造成劳动者伤害的各种不安全因素，减少和杜绝伤亡事故，保障劳动者安全地从事生产劳动。

（2）改善劳动卫生环境，即采取各种保证劳动卫生的技术措施，改善作业环境，防止和消灭职业病及职业危害，保障劳动者身体健康。

（3）改善劳动条件，减轻劳动强度，为劳动创造舒适、良好的作业环境。

（4）实行劳逸结合，严格控制加班加点，保证劳动者有合理的休息时间，使劳动者保持健康的体魄和充沛的精力，保证安全生产，提高劳动效率。

37．职工在劳动安全卫生方面有哪些权利？

根据《中华人民共和国安全生产法》有关规定，职工在劳动安全卫生方面的权利主要有 5 个方面。

（1）生产经营单位与从业人员订立的劳动合同，应当载明有关保障从业人员劳动安全、防止职业危害的事项，以及依法为从业人员办理工伤社会保险的事项。

生产经营单位不得以任何形式与从业人员订立协议，免除或者减轻其对从业人员因生产安全事故伤亡依法应承担的责任。

（2）生产经营单位的从业人员有权了解其作业场所和工作岗位存在的危险因素、防范措施及事故应急措施，有权对本单位的安全生产工作提出建议。

（3）从业人员有权对本单位安全生产工作中存在的问题提出批评、检举、控告；有权拒绝违章指挥和强令冒险作业。

生产经营单位不得因从业人员对本单位安全生产工作提出批评、检举、控告或者拒绝违章指挥、强令冒险作业而降低其工资、福利等待遇或者解除与其订立的劳动合同。

（4）从业人员发现直接危及人身安全的紧急情况时，有权停止作业或者在采取可能的应急措施后撤离作业场所。

生产经营单位不得因从业人员在前款紧急情况下停止作业或者采取紧急撤离措施而降低其工资、福利等待遇或者解除与其订立的劳动合同。

（5）因生产安全事故受到损害的从业人员，除依法享有工伤社会保险外，依照有关民事法律尚有获得赔偿的权利的，有权向本单位提出赔偿要求。

38. 职工在劳动安全卫生方面有哪些义务?

根据《中华人民共和国安全生产法》有关规定，职工在劳动安全卫生方面的义务主要有3个方面。

（1）从业人员在作业过程中，应当严格遵守本单位的安全生产规章制度和操作规程，服从管理，正确佩戴和使用劳动防护用品。

（2）从业人员应当接受安全生产教育和培训，掌握本职工作所需的安全生产知识，提高安全生产技能，增强事故预防和应急处理能力。

（3）从业人员发现事故隐患或者其他不安全因素，应当立即向现场安全生产管理人员或者本单位负责人报告；接到报告的人员应当及时予以处理。

39. 职工应掌握哪些劳动安全卫生知识和技能?

（1）要了解国家的政策、法律、法规和企业安全生产责任制、规定及规程。要知道违章指挥、违章作业、违反劳动纪律就是违法，同时要逐步提高对知法、守法、执法、护法的重要性和违法危害性的认识，进而依法规范自己的行为，自觉遵章守纪，抵制“三违”现象。

（2）要掌握劳动过程中的安全卫生知识和技能，如生产工艺过程；各种设备、设施的性能；作业的危险区域和安全技术；岗位作业注意事项；生产中使用的有毒有害原材料及可能散发的有毒有害物质的安全防护基础知识；危险环境中的安全知识；现场紧急救护方法及措施；个体防护用品的正确使用；排除设备故障的技能和采用的方法等。

（3）逐步了解科学管理的知识和方法，使劳动卫生知识和技能与安全生产管理融为一体，确保企业安全生产、安全发展。

40. 女职工劳动保护有哪些规定?

由于妇女具有不同于男子的生理特点，所以女职工除享有同男职工共同的劳动保护权外，还享有特殊的劳动保护。根据女职工的特点，国家对女职工的特殊劳动保护主要作了以下规定。

（1）不得在女职工怀孕期、产期、哺乳期降低其基本工资或解除劳动合同。

（2）禁止安排女职工从事矿山井下，国家规定的第四级体力劳动强度的劳动和其他女职工禁忌从事的劳动。

（3）女职工在月经期间，不得安排其从事高空、低温、冷水和国家规定的第三级体力劳动强度的劳动。

（4）女职工在怀孕期间，所在单位不得安排其从事国家规定的第三级体力劳动强度的劳动和孕期禁忌从事的劳动，不得在正常劳动日以外延长劳动时间；对不能胜任原劳动的，应当根据医务部门证明，予以减轻劳动量或者安排其他劳动。怀孕七个月（含七个月）的女职工，一般不得安排从事夜班劳动；在劳动时间内应当安排一定的休息时间。怀孕的女职工，在劳动时间内进行产前检查，应当算作劳动时间。

（5）女职工产假为 90 天，其中产前休 15 天。难产的，增加产假 15 天；多胞胎生育的，每多生育一个婴儿，增加产假 15 天。女职工怀孕流产的，其所以单位应当根据医务部门证明，给予一定时间的产假。

（6）有不满 1 周岁婴儿的女职工，其所在单位应当在每班劳动时间内给予其两次哺乳（含人工喂养）期间，每次 30 分钟。多胞胎生育的，每多哺乳一个婴儿，每次哺乳时间增加 30 分钟。女职工每班劳动时间内的两次哺乳时间，可以合并使用。哺乳时间和在本单位内哺乳往返途中的时间，算作劳动时间。

（7）女职工哺乳期内，所在单位不得安排其从事国定规定的第三级体力劳动强度的劳动和哺乳期禁忌从事的劳动，不得延长其劳动时间，一般不安排其从事夜班劳动。

（8）女职工比较多的单位应当按照国家规定，以自办或联办的形式，逐步建立女职工卫生室、孕妇休息室、哺乳室、托儿所等设施，并妥善解决女职工在生理卫生、哺乳、照料婴儿方面的困难。

（9）女职工劳动保护的权益受到侵害时，有权向所在单位的主管部门或者当地劳动部门提出申诉。受理申诉的部门应当自收到申诉书之日起三十日内作出处理决定；女职工对处理决定不服的，可以在收到处理决定书之日起十五日内向人民法院起诉。

41．未成年工劳动保护的规定有哪些？

未成年工是指年满 16 周岁未满 18 周岁的劳动者。未成年工的特殊保护是针对未成年工处于生长发育期的特点，以及接受义务教育和职业教育的需要，国家采取的特殊劳动保护措施。

（1）《中华人民共和国劳动法》规定，用人单位不得安排未成年工从事以下范围的劳动：

《生产性粉尘作业危害程度分级》国家标准中第一级以上的接尘作业；

《有毒作业分级》国家标准中第一级以上的有毒作业；

《高处作业分级》国家标准中第二级以上的高处作业；

《冷水作业分级》国家标准中第二级以上的冷水作业；

《高温作业分级》国家标准中第三级以上的高温作业；

《低温作业分级》国家标准中第三级以上的低温作业；

《体力劳动强度分级》国家标准中第四级体力劳动强度的作业；

矿山井下及矿石地面采石作业；森林业中的伐木、流放及守林作业；

工作场所接触放射性物质的作业；有易燃易爆、化学性烧伤和热烧伤等危险性大的作业；

地质勘探和资源勘探的野外作业；

潜水、涵洞作业和海拔3 000m以上的高原作业（不包括世居高原者）；

连续负重每小时在六次以上并每次超过20kg、间断负重每次超过25kg的作业；

工作中需要长时间保持低头、弯腰、上举、下蹲等强迫体位和动作频率每分钟大于50次的流水线作业；

锅炉司炉工。

（2）未成年工患有某种疾病或具有某些生理缺陷（非残疾型）时，用人单位不得安排其从事以下范围的劳动：

《高处作业分级》国家标准中第一级以上的高处作业；

《低温作业分级》国家标准中第二级以上的低温作业；

《高温作业分级》国家标准中第二级以上的高温作业；

《体力劳动强度分级》国家标准中第三级以上体力劳动强度的作业；

接触铅、苯、汞、甲醛、二硫化碳等易引起过敏反应的作业。

（3）用人单位应按下列要求对未成年工定期进行健康检查：安排工作岗位之前；工作满一年；年满十八周岁，距前一次的体检时间已超过半年。用人单位应根据未成年工的健康检查结果安排其从事适合的劳动，对不能胜任原岗位的，应根据医务部门的证明，予以减轻劳动量或安排其他劳动。

（4）对未成年工的使用和特殊保护实行登记制度。未成年工上岗前用人单位应对其进行有关的职业安全卫生教育、培训；未成年工体检和登记，由用人单位统一办理和承担费用。

42．安排中职生实习必须遵守“五不得”的含义是什么？

2007年6月27日，教育部、财政部制定了《中等职业学校学生实习管理办法》。其中第五条规定：组织安排学生实习，要严格遵守国家有关法律法规，为学生实习提供必要的实习条件和安全健康的实习劳动环境。

（1）不得安排一年级学生到企业等单位顶岗实习；

（2）不得安排学生从事高空、井下、放射性、高毒、易燃易爆、国家规定的第四级体力劳动强度以及其他具有安全隐患的实习劳动；

（3）不得安排学生到酒吧、夜总会、歌厅、洗浴中心等营业性娱乐场所实习；

（4）不得安排学生每天顶岗实习超过 8 小时；

（5）不得通过中介机构代理组织、安排和管理实习工作。

43．为实习学生购买意外伤害保险和学生人身伤害事故的赔偿是怎样规定的？

《中等职业学校学生实习管理办法》第十二条规定：学校和实习单位应当加强对实习学生的实习劳动安全教育，增强学生安全意识，提高其自我防护能力；要为实习学生购买意外伤害保险等相关保险，具体事宜由学校和实习单位协商办理。实习期间学生人身伤害事故的赔偿，依据《学生伤害事故处理办法》和有关法律法规处理。

44．什么是劳动保护用品？各类防护用品的作用是什么？

劳动防护用品，是指由生产经营单位为从业人员配备的，使其在劳动过程中免遭或者减轻事故伤害及职业危害的个人防护装备。劳动防护用品分为特种劳动防护用品和一般劳动防护用品。从某种意义上讲，劳动保护用品是劳动者防止职业伤害和劳动伤害的最后一项有效的保护措施。企业应按照国家有关规定按时足额发放，不得任意削减；职工也要十分爱惜，认真管好、用好各种劳动保护用品。

根据《劳动防护用品分类代码》的规定，我国以人体防护部位划分的分类标准如下。

（1）头部防护用品

头部防护用品是为防御头部不受外来物体打击和其他因素危害而配备的个人防护装备。

根据防护功能要求，目前主要有一般防护帽、防尘帽、防水帽、防寒帽、安全帽、防静电帽、防高温帽、防电磁辐射帽、防昆虫帽等九类产品。

（2）呼吸器官防护用品

防御有害气体、蒸气、粉尘、烟、雾经呼吸道吸入，或直接向使用者供氧或清净空气，保证尘、毒污染或缺氧环境中作业人员正常呼吸。按照功能分为防尘口罩和防毒口罩（面罩），按照形式分为过滤式和隔离式两类。

（3）眼面部防护用品

预防烟雾、尘粒、金属火花和飞屑、热、电磁辐射、激光、化学品飞溅等伤害眼睛或面部。根据防护功能分为为防尘、防水、防冲击、防高温、防电磁辐射、防射线、防化学飞溅、防风沙、防强光 9 类。

目前我国生产和使用比较普遍的有 3 种类型，即焊接护目镜和面罩、炉窑护目镜和面罩以及防冲击眼护具。

（4）听觉器官防护用品

防止过量的声音侵入外耳道，使人耳避免噪声的过度刺激，减少听力损失，预防由噪声对人身引起的不良影响。主要有耳塞、耳罩和防噪声头盔 3 大类。

（5）手部防护用品

具有保护手和手臂的功能，供作业者劳动时戴用。按照防护功能分为 12 类，即一般防护手套、防水手套、防寒手套、防毒手套、防静电手套、防高温手套、防 X 射线手套、防酸碱手套、防油手套、防振手套、防切割手套、绝缘手套。每类手套按照材料又可以分为许多种。

（6）足部防护用品

防止生产过程中有害物质和能量伤害劳动者足部。按照防护功能分为防尘鞋、防水鞋、防寒鞋、防足趾鞋、防静电鞋、防高温鞋、防酸碱鞋、防油鞋、防烫脚鞋、防滑鞋、防刺穿鞋、电绝缘鞋、防振鞋等 13 类，每类鞋根据材质不同又可以分为许多种。

（7）躯干防护用品

防止皮肤免受化学、物理等因素的危害。躯干防护用品就是我们通常讲的防护服。根据防护功能，防护服分为一般防护服、防水服、防寒服、防砸背心、防毒服、阻燃服、防静电服、防高温服、防电磁辐射服、耐酸碱服、防油服、水上救生衣、防昆虫服、防风沙服等 14 类产品，每一类产品又可根据具体防护要求或材料分为不同品种。

（8）护肤用品

防止皮肤免受化学、物理等因素的危害。按照防护功能，护肤用品分为防毒、防腐、防射线、防油漆及其他类。

（9）防坠落用品

防止人体从高处坠落。通过绳带，将高处作业者身体系接于固定物体上，或在作业场所的边沿下方张网，以防作业者不慎坠落。主要有安全带、安全帽、安全绳、安全网等。

45．怎样正确使用安全带？

安全带是高处作业工人预防坠落的防护用品，由带子、绳子和金属配件组成。在使用中应注意以下几个方面：①根据工种和用途正确选用安全带；②安全带必须有合格证，寿命一般为 5 年，使用 2 年后，要对安全带进行抽检，有磨损、断股、变质、受过冲击等情况应停止使用；③安全带应高挂低用，水平使用时，应注意避免摆动碰撞，不宜低挂高用；④不准将绳子打结使用，安全带应固定在牢固的构筑物上（或者结构件上）；⑤安全绳要避开锐角、尖刺等部位，避免接触明火、酸碱等物质。

46．佩戴安全帽有哪些要求？

安全帽由帽衬和帽壳两部分组成，帽衬与帽壳不能紧贴，应有一定空隙。当有物料坠落到安全帽壳上时，帽衬可起到缓冲作用，以免使颈椎受到伤害。安全帽必须拴紧下颌带，当人体发生坠落时，可对头部起到保护作用。

47．当劳动保护权力受到侵害时，如何维权？

（1）可以通过签订劳动合同（顶岗实习的学生要签订实习协议或者劳动用工合同）维护自身的权力。

（2）通过劳动争议处理维护自身的权力。劳动争议是指劳动者与用人单位在生产活动中，因行使劳动权力、履行劳动义务而发生的劳动纠纷。可以通过双方协商、劳动仲裁委员会仲裁、向人民法院提起诉讼等形式进行争议处理。

（3）通过劳动保障监察机构维护自身的权力，如用人单位收取风险抵押金、扣押身份证、不签劳动合同、违法解除劳动合同、违反女工和未成年工从事国家紧急的劳动、未对未成年工进行健康检查、违反工作时间和休息休假规定、违反工资支付规定、制定的劳动规章制度违反法律法规等情况，可以向劳动保障监察机构检举，要求劳动保障监察部门作出处理。

48．什么是职业病？

《中华人民共和国职业病防治法》中规定，职业病是指企业、事业单位和个体经济组织的劳动者在职业活动中，因接触粉尘、放射性物质和其他有毒、有害物质等因素而引起的疾病。由此可见，职业病的病因指的是对从事职业活动的劳动者可能导致职业病的各种职业病危害因素。职业病危害因素包括职业活动中存在的各种有害的化学、物理、生物因素以及在作业过程中产生的其他职业有害因素。

被认定为职业病，应具备 3 个条件。

（1）该疾病应与作业场所的职业性有害因素密切相关。

（2）所接触有害因素的剂量（浓度或强度），无论过去或现在，都足可导致该疾病的发生。

（3）职业性病因大于非职业性病因。

49．国家规定的职业病有哪些？

在立法的意义上，职业病具有一定的范围，即凡由国家政府主管部门明文规定的职业病，统称为法定职业病。

2002 年，国家规定的职业病有 10 类共 115 种：（1）尘肺类 13 种；（2）职业性放射性疾病 11 种；（3）职业中毒 56 种；（4）物理因素所致职业病 5 种；（5）生物因素所致职业病 3 种；（6）职业性皮肤病 8 种；（7）职业性眼病 3 种；（8）职业性耳鼻喉口腔疾病 3 种；（9）职业性肿瘤 8 种；（10）其他职业病 5 种。

凡是被确诊患有职业病的职工，职业病诊断机构应发给《职业病诊断证明书》，享受国家规定的工伤保险待遇或职业病待遇。

50．什么是职业性有害因素？

通常把生产环境和劳动过程中存在的可能危害人体健康的因素，称为职业性有害因素。主要的职业性有害因素包括以下内容。

（1）生产性毒物。如铅、锰、铬、汞、有机氯农药、有机磷农药、一氧化碳、二氧化碳、硫化氢、二氧化硫、氯、氯化氢、甲烷、氨、氮氧化物等。

（2）生产性粉尘。例如，滑石粉尘、铅粉尘、木质粉尘、骨质粉尘、合成纤维粉尘。

（3）异常气候条件。生产场所的气温、湿度、气流及热辐射。

（4）辐射。指生产环境中存在的各种射线，例如，红外线、紫外线、X 射线、无线电波等。

（5）高气压和低气压。

（6）生产性噪声和振动。

（7）一些病原微生物和致病寄生虫。如附着于皮毛上的炭疽杆菌、布氏杆菌、森林脑炎病毒等。

51．职业性有害因素对人体有哪些危害？

（1）在生产性毒物的环境中作业，可能引起多种职业中毒，如汞中毒、苯中毒等。

（2）长期在生产性粉尘的环境中作业，可能引起各种尘肺，如石棉肺、煤肺、金属肺等。

（3）在高温和强烈辐射条件下作业，可能引发热射病、热痉挛、日射病。

（4）生产环境中存在的各种射线，可能引发放射性疾病。

（5）潜水作业可能引起减压病。高山和航空作业，可能引发高山病或航空病。

（6）发动机作业、纺织作业，强烈的噪声作用于听觉器官，可能引起职业性耳聋等疾病。长期在强力震动环境中作业，可能引起震动病。

（7）畜牧、皮毛皮革作业中，可能受炭疽杆菌感染而引起职业性炭疽；森林作业中，可能因病毒感染而引发职业性森林脑炎。

52．不同行业、不同工种普遍采用的劳动安全技术有哪些？

不同行业、不同工种，尽管采取的具体安全技术有所不同，但也有一些普遍采用的安全技术。主要包括以下内容。

（1）装设防护装置。即对可能发生安全事故的设备，增加防护网、防护罩；装设防护栏，以保持一定的安全距离，从而达到预防或减少安全事故发生的目的。防护装置可分为直接防护装置、距离防护装置和屏蔽防护装置。

直接防护装置又可分为简单防护装置（如直接安装在可能发生安全事故设备上的防护板、防护罩、防护栅栏和防护网）和复杂防护装置（如安装在自动冲床上的防护罩和安全插锁及其他设备上的自动停止装置）。

距离防护装置是指企业采取自动控制的方式，采取遥控作业的方式，使操作者远离存在危害的设备和场地，以减少危险因素对人体的伤害。

屏蔽防护装置是指企业通过栅栏、护罩、护盖等设施，把带电体与外界隔离开，防止电流、电磁类危险因素对人体的伤害。

（2）装设保险装置。即为防止因设备或其部件故障、操作者误操作引发的安全事故而采取的安全技术。例如，压力容器设备上装设安全阀，电气设备上装设熔断器、空气开关、漏电保护器等，这些安全装置通过自动断电、停止工作、限制行程、刹车减速等动作，防止事故的发生。

（3）装设安全信号装置。当设备存在安全隐患或危险可能发生时，装置及时发出安全信号，以提示或警告操作者及时采取措施，消除隐患或躲避危险，以预防事故发生。安全信号装置本身不能排除危险，只能提醒人们对危险注意，以便及时采取预防措施去排除危险或避免危险。

安全信号装置发出的安全信号一般有以下 3 种。

安全色彩信号：如前面介绍的安全色和含义和用途。

安全音响信号：如利用汽笛、扬声器和电铃发出全音响信号，以警示、提醒人们注意安全，及时采取保护或救护措施。

安全指示信号：主要是指各种仪表所提供的设备运行数据或环境安全状态数据，使操作者做出正确判断并采取有效的安全技术措施。

（4）设置安全标志。按照《安全标志》国家标准，针对生产现场的实际，设立意义明确、字迹鲜明的各种安全标志，以提醒人们注意，避免危险。劳动者应理解每一个标志的含义，并严格按照标志规定的要求去做，以减少事故的发生，保障劳动者的人身安全。

53. 我国刑法中涉及安全生产的主要罪名有哪些？

《中华人民共和国刑法》涉及安全生产的主要罪名有重大飞行事故罪、铁路运营安全事故罪、交通肇事罪、教育设施重大安全事故罪、消防责任事故罪等。其中：

第一百三十四条　重大责任事故罪：在生产、作业中违反有关安全管理的规定，因而发生重大伤亡事故或者造成其他严重后果的，处三年以下有期徒刑或者拘役；情节特别恶劣的，处三年以上七年以下有期徒刑。

强令他人违章冒险作业，因而发生重大伤亡事故或者造成其他严重后果的，处五年以下有期徒刑或者拘役；情节特别恶劣的，处五年以上有期徒刑。

第一百三十五条　重大劳动安全事故罪：安全生产设施或者安全生产条件不符合国家规定，因而发生重大伤亡事故或者造成其他严重后果的，对直接负责的主管人员和其他直接责任人员，处三年以下有期徒刑或者拘役；情节特别恶劣的，处三年以上七年以下有期徒刑。

举办大型群众性活动违反安全管理规定，因而发生重大伤亡事故或者造成其他严重后果的，对直接负责的主管人员和其他直接责任人员，处三年以下有期徒刑或者拘役；情节特别恶劣的，处三年以上七年以下有期徒刑。

第一百三十六条　危险物品肇事罪：违反爆炸性、易燃性、放射性、毒害性、腐蚀性物品的管理规定，在生产、储存、运输、使用中发生重大事故，造成严重后果的，处三年以下有期徒刑或者拘役；后果特别严重的，处三年以上七年以下有期徒刑。

第一百三十七条　工程重大安全事故罪：建设单位、设计单位、施工单位、工程监理单位违反国家规定，降低工程质量标准，造成重大安全事故的，对直接责任人员，处五年以下有期徒刑或者拘役，并处罚金；后果特别严重的，处五年以上十年以下有期徒刑，并处罚金。

在安全事故发生后，负有报告职责的人员不报或者谎报事故情况，贻误事故抢救，情节严重的，处三年以下有期徒刑或者拘役；情节特别严重的，处三年以上七年以下有期徒刑。

事故案例

管理上多一点失误，生产中多一个事故。
宁可千日不松无事，不可一日不防酿祸。
绳子断在细处，事故出在松处。

案例1　玩忽职守　造成323人死亡

1. 事故概述

1994年12月7日下午，新疆维吾尔自治区教委基本普及九年义务教育，基本扫除青壮年文盲评估验收团到克拉玛依市检查工作。12月8日18时由克拉玛依市教委、新疆石油管理局教育培训中心组织在文化艺术中心友谊馆举办专场文艺汇报演出。全市7所中学、8所小学的教师、学生及有关领导共796人参加。演出至18时20分左右，舞台正中偏后北侧上方倒数第二道光柱灯（1 000W）烤燃纱幕起火。火灾发生后，由于电工被派出差，火情没有及时处理，迅速蔓延至剧厅，火势越来越猛，产生大量有毒、有害气体。而通往剧场的7个安全门，仅开1个。演出现场的组织者赵兰秀、方天录不积极组织指挥疏散，火灾现场秩序大乱，致使323人死亡，132人受伤，直接经济损失3 800余万元。

2. 事故原因

这起特大火灾的发生是由于组织者和管理者严重违反规章制度，工作严重不负责任，玩忽职守造成。

（1）阿不来提·卡德尔身为友谊馆副主任，在主管行政业务工作中，严重违反消防安全管理规定，对消防部门的3次防火安全检查中提出的问题不加整改；对舞台幕布曾发生过的火灾险情，没有采取措施消除隐患。阿不来提·卡德尔明知12月8日有演出活动，还将电工派外出差，演出现场7个安全门仅开1个，火灾发生后没有积极采取措施组织疏散抢救，是这次重大责任事故的主要直接责任者。

（2）陈惠君、努斯拉提·玉素甫江、刘竹英作为友谊馆服务人员对工作严重不负责任，演出期间，陈惠君、努斯拉提·玉素甫江未在场内巡回检查。火灾发生后，不履行应尽的职责，没有及时打开安全门，而是一起逃出馆外。刘竹英脱岗外出。他们是造成事故惨重伤亡后果的直接责任者。

（3）蔡兆锋，不重视安全工作，未对职工进行安全教育，对友谊馆存在的不安全隐患不加整改，不制定应急防范措施，对火灾事故的发生负有直接责任。

（4）孙勇、赵忠铮，身为文化艺术中心领导，工作严重不负责任，对友谊馆存在的不安全隐患，不督促检查予以消除，对火灾事故的发生负有直接责任。

（5）岳霖，分管文化艺术中心的工作，工作严重不负责任，明知友谊馆存在不安全隐患，未要求检查整改，未正确履行自己的职责，对火灾事故的发生负有责任。

（6）赵兰秀、方天录系迎接“两基”评估验收工作及演出现场的主要领导人，发生火情时，没有组织和指挥疏散，对事故伤亡后果负有直接责任。

（7）唐健、况丽、朱明龙、赵征是此次演出活动的具体组织者和实施者，对未成年人的人身安全疏忽大意。唐、况、朱在发生火灾时，未组织疏散学生，而只顾自己逃生，对严重伤亡后果负有直接责任。

案例2　玩忽职守　引发重大火灾事故

1．事故概况

1993年4月6日8时20分，山东省威海市环翠区化塑制品厂发生火灾，整个厂房被烧毁，造成直接经济损失达127.6万元。

当日8时，孙××在车间门口西侧用电焊焊接压模。焊接现场的周围除一条3m宽的通道外，堆满了袋装成品浮球及废料，还有数个装丙酮、乙烷的铁桶。8时20分左右，拌料员谷××要在孙××作业处西侧约1.5m左右的地方，从铁桶中抽取丙酮，即告诉孙××先停止电焊，孙××同意后便离开作业处。谷××用塑料管从铁桶中向塑料桶中抽取丙酮，由于操作不当将丙酮洒在水泥地面上，他没有采取任何措施就离开了现场。孙××回到作业处，没有检查也没有采取任何防护继续电焊。在焊接约3cm长的一段接缝时，电焊溅起的火花将洒在地上的丙酮点燃。孙××见起火用正在焊接的方模去压地上的火苗，但火苗仍然四溅。孙××与另一名工人先后取来3只灭火器，均未启动。火借风势迅速蔓延，整个厂区被大火吞噬。直到11时，大火才被扑灭。这场火灾造成直接经济损失127.6万元。

2．事故原因

（1）违反规章制度。这起火灾事故是由于违章堆放危险品，遇明火而引起的，谷××等 4 人对此负有责任。经现场勘查和调查认定，谷××、孙××在生产过程中，违反规章制度，导致发生特大火灾，造成集体财产遭受严重损失，他们的行为触犯《中华人民共和国刑法》第一百三十四条的规定，构成重大责任事故罪。

（2）不认真履行职责。孙××和刘××身为企业管理人员，不认真履行职责，对厂内事故隐患熟视无睹，对工人的违章作业放任自流，以致由于操作工人在事故隐患区域作业而发生特大火灾，他们的行为触犯了《中华人民共和国刑法》第一百八十七条的规定，构成玩忽职守罪。

案例 3　禁火区玩打火机　引发特大火灾

1．事故概况

1992 年 5 月 11 日 13 时 5 分，江苏省某市电视机厂 5 号楼发生特大火灾，造成一人重伤，直接经济损失 937.5 万元。

5 月 11 日 13 时，六车间高频头小组工人吴某串岗到中框室，边走边抛耍打火机，走出中框室时，打火机掉到地上，吴某拣起打火机，为验证是否摔坏，便在聚苯乙烯泡沫塑料堆场用打火机试点捆扎聚苯乙烯泡沫的塑料绳，随即引燃了聚苯乙烯泡沫。吴某急忙用手拍打，并将燃烧着的泡沫拉开，堆着的泡沫倒散，火势迅速蔓延，车间的部分工人立即使用灭火器奋力扑救，同时很快切断了电源，并向消防部门和厂部报警。由于泡沫燃烧速度快，火势越来越大，同时释放大量的浓烟和有毒气体，仅几分钟，整个三楼浓烟滚滚，车间人员被迫撤离现场。

2．事故原因

（1）车间内玩打火机。六车间高频头小组工人吴某在车间禁火区用打火机点燃明火，引起包装用的聚苯乙烯泡沫塑料燃烧，酿成特大火灾事故。这是事故的直接原因。

（2）企业的消防安全管理不严，规章制度落不到实处，存在着不少薄弱环节和事故隐患。

案例 4　违反饭店值班守则　引发重大火灾事故

1．事故概况

1985 年 4 月 19 日零时 5 分，黑龙江省哈尔滨市天鹅饭店发生特大火灾，造成 10 人死亡，7 人受伤，直接经济损失 25 万元。

火灾发生后，经有关部门反复勘查现场，查明这场火灾的中心现场系第 11 层楼 116 房间，火源系一名外国旅客吸烟引起(这名外国人已被烧死)。经香坊区人民检察院侦查，饭店保卫科副科长姜××，楼层服务员顾××对这起特大火灾未及时发现导致灾情扩大负有主要责任。

2．事故原因

（1）违反饭店值班守则。1985 年 4 月 18 日 17 时至次日 8 时，姜××担任哈尔滨市天鹅饭店总值班员，违反饭店值班守则，不仅与他人喝酒、跳舞，而且未履行饭店《总值班职责》第三条关于“详细检查各部门岗位责任制落实情况”的规定，23 时以后，没有认真检查楼层值班员当班情况，以致未能发现第 11 层楼值班员顾××违反《楼层值班员岗位责任制》，擅自脱岗值班室的行为。

（2）未履行岗位责任制。姜××在饭店发生火灾时，不履行饭店《总值班职责》第一条“总值班同志是饭店的总指挥、总负责人”的特定义务，既未坚守在火场组织指挥灭火，也没有组织指挥疏导客人避险，明知消火栓无水，也未能通知看水箱的值班员开阀供水，明知安全疏散楼梯门锁着，也没有通知各楼层值班员开锁。惊慌失措，延误扑救时机，以致火势蔓延，造成严重后果。姜××对此负有主要责任。

1985 年 4 月 18 日 8 时至次日 8 时，顾××在饭店值班时，违反该饭店客房部《员工守则》和《楼层值班员岗位责任制》关于“坚守工作岗位，不可擅离职守”和“做好防特、防盗、防火工作”等有关规定，于 4 月 18 日 23 时 15 分左右擅自离开值班室，串到第 8 层楼与另两名值班员在 816 客房洗澡、闲聊。在 4 月 19 日零时 5 分第 11 层楼 116 客房发生火情时，不在值班岗位，错过了报警扑救和疏导客人脱险的良机，致使火势蔓延，灾情扩大，造成严重后果。顾××对此负有主要责任。

案例 5　违反操作规程　引发特大爆炸事故

1．事故概况

2005 年 11 月 13 日，中国石油天然气股份有限公司吉林石化分公司双苯厂硝基苯精馏塔发生爆炸，造成 8 人死亡，60 人受伤，直接经济损失 6 908 万元，并引发松花江水污染事件。

2．事故原因

国务院事故及事件调查组经过深入调查、取证和分析，认定中石油吉林石化分公司双苯厂“11·13”爆炸事故和松花江水污染事件，是一起特大安全生产责任事故和特别重大水污染责任事件。

爆炸事故的直接原因是，硝基苯精制岗位外操人员违反操作规程，在停止粗硝基苯进料后，未关闭预热器蒸汽阀门，导致预热器内物料气化；恢复硝基苯精制单元生产时，再次违反操作规程，先打开了预热器蒸汽阀门加热，后启动粗硝基苯进料泵进料，引起进入预热器的物料突沸并发生剧烈震动，使预热器及管线的法兰松动、密封失效，空气吸入系统，由于摩擦、静电等原因，导致硝基苯精馏塔发生爆炸，并引发其他装置、设施连续爆炸。

案例 6　错发漏发调度命令　造成胶济铁路特别重大交通事故

1．事故概况

2008 年 4 月 28 日 4 时 41 分，由北京开往青岛的下行 T195 次旅客列车，行至胶济铁路周村站至王村站间 K289＋940m 处脱线，第 9 至 17 位机车脱轨，尾部车辆侵入上行线，与上行线烟台开往徐州 5034 次列车发生碰撞，致使 5034 次列车机车及机车后第 1 至 5 位车辆脱轨。造成 72 人死亡、416 人受伤，中断行车 21 小时 22 分钟，直接经济损失 4 192.5 万元。

2．事故原因

经调查认定这是一起责任事故。事故调查组初步调查分析认定，直接原因是 T195 次列车在限速每小时 80km 的弯道线路上以每小时 131km 的速度超速行驶所致。

（1）济南铁路局安全管理存在漏洞，有关文件、调度命令错发漏发。

（2）岗位责任制不落实，对列车超速行驶没能及时制止。

（3）安全基础工作薄弱，一些安全措施没能得到落实，很多措施不到位。

（4）监督管理工作不到位，一些重大隐患长期未得到整改。

案例 7　没有关掉电源开关　烧毁一个厂

1．事故概况

1986 年 3 月 26 日 8 时，张某与林某、李某、徐某和杨某一同加班，烫熨晴纶背心。8 时 52 分，供电部门停止供电。16 时，被告人下班时忘记切断自己使用的电熨斗的电源。17 时 45 分，供电部门恢复送电，到 23 时 15 分，由于电熨斗长时间通电过热，点燃可燃物，酿成重大火灾事故。

2．事故原因

疏忽大意，不按操作规程办事。张某在生产作业中，遇到停电时，却疏忽大意，没有关掉电熨斗电源开关，下班时就离去，违反了操作规程规定，造成大火，给企业带来重大损失。

案例 8 安全帽未系带 造成自己死亡

1. 事故经过

1990 年 11 月 22 日，某建筑公司 7 号楼工地正在紧张施工。电工童某的任务是用手凿安装电线暗管的沟槽。他搬来人字梯，左脚踩在墙壁的预留孔上，右脚踩在人字梯上，用锤击打墙面。突然，由于用力过猛，造成人字梯倾倒，童某从 1.9m 高处坠落，屁股着地，安全帽脱落，后脑撞在墙体上，造成脑干损伤，经抢救无效死亡。

2. 事故原因

（1）主要原因是安全帽没有系带子，人坠落后，致使安全帽脱落，后脑撞在墙体上，造成脑干损伤，经抢救无效死亡。

（2）人字梯之所以倾倒，是因为童某错误地把左脚踩在墙壁的预留孔上，而又把右脚踩在人字梯上。因为墙是不会动的，人一用劲，必然给人字梯一个反作用力，导致梯子倾倒。

案例 9 未用防护用品 发生急性苯中毒事故

1. 事故概述

1999 年 4 月 8 日，某厂 13 名油漆工因使用白矾氧磁漆和环氧媒沥青漆 4 天后，出现头昏、头痛、舌头发麻、腹胀腹痛、恶心、四肢乏力、走路不稳等症状被急送入院，经诊断组诊断为急性苯中毒。

2. 事故原因

（1）施工时未使用任何防护用品，对有害物质缺乏认识，自我保护意识差。

（2）工作场所通风不好，吸入大量高浓度苯挥发气体，从而引起中毒事件。

第二篇　电气安全技术基础知识

安全知识

管理上多一份辛苦，安全上多一份收获。
工程措施多兑现，生产事故少出现。
违章留下永远的悔恨，安全鼓起幸福的风帆。

1．电为什么能致人死伤？

人体触及带电体并形成电流通路，造成人体伤害，称为触电。触电及人身防护是安全工作的重要部分。通过大量的科学研究表明，电对人体的伤害主要来自电流。例如，电流通过人体，人体直接接受电流能量将遭到电击；电能转换为热能作用于人体，致使人体受到烧伤或灼伤；人体在电磁波照射下，吸收电磁场的能量也会受到伤害等。在诸多伤害中，电流通过人体是导致人身伤亡的最基本原因。

电流通过人体而使人致命的最危险、最主要的原因是直接作用于心肌，引起心室颤动（心室纤维性颤动）。如果没有电流通过心脏，也可能经中枢神经系统反射作用于心肌，引起心室颤动。发生心室颤动时，心脏每分钟颤动 1 000 次以上，而且没有规则，血液实际上中止循环，大脑和全身迅速缺氧，伤情将急剧变化。如不及时抢救，心脏将很快停止跳动，导致死亡。

如果电流作用于胸肌，将使其发生痉挛，使人感到呼吸困难。电流越大，感觉越明显。如果电流作用时间较长，将会使人出现憋气、窒息等呼吸障碍。窒息后，肌体缺氧，导致死亡。

触电容易并发电休克，即人体受到电流的强烈刺激，发生强烈的神经系统反射，使血液循环、呼吸及其他新陈代谢都发生障碍，出现神志昏迷的现象。电休克状态可以延续数十分钟到数天。电休克的人经过有效的治疗可能痊愈，也可能会因为重要生命机能完全消失而死亡。

2. 电击和电伤是如何对人体造成伤害的？

按电流对人体的伤害类型可分为电击和电伤两大类。从许多触电事故来看，两种形式的伤害会同时存在。

电击是电流通过人体内部，破坏人的心脏、神经系统、肺部的正常工作造成的伤害，也就是通常所说的人身触电事故。由于人体触及带电的导线、漏电设备的外壳或其他带电体，以及由于雷击或电容器放电，都可能导致电击。

电伤常常与电击同时发生，是由于电流的热效应、化学效应或机械效应对人体造成的局部伤害，如电弧烧伤、烫伤、电烙印、皮肤金属化（电极金属在高温下熔化和挥发沉积于皮肤表面及深部而形成）、电气机械伤害、电光眼等形式的伤害。

电击和电伤会引起人体的一系列生理反应。①电流通过人体，会引起麻感、针刺感、压迫感、打击感、痉挛、疼痛、呼吸困难、血压升高、昏迷、心律不齐、心室颤动等症状。②人体的肌肉和神经系统，有微弱的生物电存在。如果引入局外电源，微弱的生物电的正常工作规律将被破坏，人体也将受到不同程度的伤害。③电流通过人体还有热作用，电流所经过的血管、神经、心脏、大脑等器官，可使其热量增加而导致功能障碍。④电流通过人体，还会引起肌体内液体物质发生离解、分解而导致破坏。⑤电流通过人体，还会使肌体各种组织产生蒸汽，乃至发生剥离、断裂等破坏。

3. 电流对人体造成伤害主要取决于哪些因素？

造成触电伤亡的主要因素有以下几方面。

（1）通过人体电流的大小，以毫安计量。根据电击事故分析得出：当工频电流为 0.5～1mA 时，人就有手指、手腕麻或痛的感觉；当电流增至 8～10mA 时，针刺感、疼痛感增强发生痉挛而抓紧带电体，但终能摆脱带电体；当接触电流达到 20～30mA 时，会使人迅速麻痹不能摆脱带电体，而且血压升高，呼吸困难，但通常不致有生命危险；当电流为 50mA 时，就会使人呼吸麻痹，心室开始颤动，数秒钟后就可致命；100mA 以上的电流，则足以置人于死地。通过人体的电流越大，人体生理反应越强烈，病理状态越严重，致命的时间就越短。

（2）通电时间的长短，以毫秒计量。电流通过人体的时间越长，后果越严重，这是因为时间越长，人体的电阻降低，电流就会增大。同时人的心脏每收缩、扩张一次，会有 100 毫秒的间隙期。在这个间隙期内，人体对电流作用最敏感，所以触电时间越长与这个间隙期重合的次数就越多，从而造成的危险也就越大。

（3）电流通过人体的途径。当电流通过人体的内部重要器官时，后果非常严重，例如，电流通过人体的头部会使人立即昏迷，甚至醒不过来而残废、死亡；通过脊髓，就破坏中枢神经，使人半截肢体瘫痪；通过肺部，会使人呼吸困难；电流通过心脏会引起心室颤动，致使心脏停止跳动，造成死亡。因此，电流通过心脏、呼吸系统和中枢神经时，危险性最大。实践证明：电流通过人体最危险的途径是从左手到脚，因为在这种情况下，心脏直接处在电路内，电流通过心脏、肺部、脊髓等重要器官；其次是从手到手；危险最小的是从脚到脚，但可能导致二次事故的发生。

（4）电流的种类。电流可分为直流电、交流电；交流电可分为工频电（工频：工业用电的频率，我国是指 50Hz 的电源）和高频电（频率为 100 000Hz 以上的电流）。这些电流对人体都有伤害，但伤害程度不同。50Hz 工频交流电对人体的伤害最为严重，频率偏离工频越远，交流电对人体伤害越轻。在直流和高频情况下，人体可以耐受更大的电流值，但高压高频电流对人体依然是十分危险的。

（5）触电者的体质和健康状况以及周围环境条件。据统计，肌肉发达者、成年人比儿童摆脱电流的能力强，男性比女性摆脱电流的能力强。电击对患有心脏病、肺病、内分泌失调及精神病等患者最危险，因触电而残废的比例最高。另外，对触电有心理准备的，触电伤害轻。

上述因素中，通过人体电流的大小是导致伤亡的最主要因素。不同电流对人体的影响如表 2-1 所示。

表 2-1　不同电流对人体的影响

电流（mA）	工频电流		直流电流
	通电时间	人体反应	人体反应
0～1.5	连续通电	无感觉	无感觉
1.5～5	连续通电	有麻刺感，疼痛，无痉挛	无感觉
5～10	数分钟以内	痉挛、疼痛，但可摆脱电源	有针刺感、压迫感及灼热感
10～30	数分钟以内	迅速麻痹、呼吸困难、血压升高、不能摆脱电源	压痛、刺痛、灼热强烈、有抽痉
30～50	数秒到数分	心跳不规则、昏迷、强烈痉挛，心脏开始颤动	感觉强烈，有剧痛、痉挛
50 至数百	低于心脏搏动周期	受强烈冲击，但未发生心室颤动	剧痛、强烈痉挛、呼吸困难或麻痹
	超过心脏搏动周期	昏迷、心室颤动、呼吸麻痹、心脏麻痹或停跳	

4．电击触电可分为哪几种情况？

按照人体触及带电体的方式和电流通过人体的途径，电击触电可分为 3 种情况。

（1）单相触电：单相触电是指当人体直接碰触带电设备其中的一相时，电流通过人体流入大地，如图 2-1 所示。对于高电压，人体虽然没有触及，但因超过安全距离，高电压对人体产生电弧放电，造成单相接地引起触电，也属于单相触电。单相触电的危险程度与电网运行方式有关，一般情况下，接地电网的单相触电比不接地电网的危险性大。

（2）两相触电：两相触电是指人体同时触及带电设备或线路的两相导体，电流从一相导体经人体流入另一相导体构成回路，如图 2-2 所示。无论电网的中性点接地与否，其危险性都比较大。

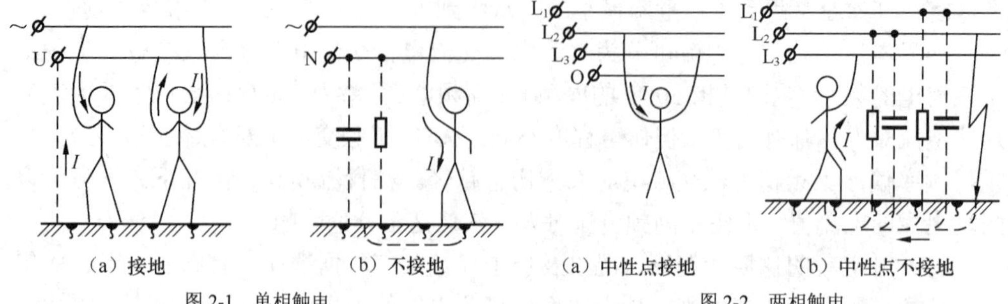

（a）接地 （b）不接地

图 2-1 单相触电

（a）中性点接地 （b）中性点不接地

图 2-2 两相触电

（3）跨步电压触电：当电网或电气设备发生接地故障时，流入地中的电流在土壤中形成电位，地表面也形成以接地点为圆心的径向电位差分布。如果人行走时前后两脚间（一般按 0.8m 计算）电位差达到危险电压而造成触电，称为跨步电压触电。

5．什么是感知电流？

在一定概率下，通过人体引起人的任何感觉的最小电流称为该概率下的感知电流。人对电流最初的感觉是轻微麻感和微弱针刺感。大量试验资料表明，对于不同的人，感知电流是不相同的。感知电流与个体生理特征、人体与电极的接触面积等因素有关。对应于概率 50%的感知电流成年男子约为 1.1mA，成年女子约为 0.7mA，感知阈值定为 0.5mA。感知电流与时间因素无关。

感知电流一般不会对人体造成伤害，但当电流增大时感觉增强，反应变大，可能导致坠落等二次事故。

6．什么是摆脱电流？

在一定概率下，人触电后能自行摆脱带电体的最大电流称为该概率下的摆脱电流。通过人体的电流超过感知电流时，肌肉收缩增加，刺痛感觉增强，感觉部位扩展，至电流增大到一定程度，触电者因肌肉收缩、产生痉挛而紧抓带电体，不能自行摆脱带电体。对于不同的人，摆脱电流值也不相同，摆脱电流值与个体生理特征、带电体形状、带电体尺寸等因素有关。

对应于概率 50%的摆脱电流成年男子约为 16mA，成年女子约为 10.5mA。对应于概率 99.5%的摆脱电流则分别：成年男子约为 9mA，成年女子约为 6mA。由此可见，摆脱阈值约为 10mA。儿童的摆脱阈值较小。

摆脱电流是人体可以忍受而一般不致造成不良后果的电流。电流超过摆脱电流后，触电者会感到异常痛苦、恐慌和难以忍受；如时间过长，则可能造成昏迷、窒息，甚至死亡。当触电电流略大于摆脱电流，触电者中枢神经麻痹及呼吸停止时，立即切断电源，即可恢复呼吸并无不良影响。

摆脱电源的能力是随着触电时间的增长而减弱的。这就是说，一旦触电者不能摆脱电源时，后果将会十分严重。

7．什么是最小致命电流？

在较短时间内危及生命的电流称为致命电流。电击致死的原因是比较复杂的。通过人体数十毫安以上的工频交流电流，即可能引起心室颤动或心脏停止跳动，也可能导致呼吸中止。由于心室跳动的出现比呼吸中止早得多，因此，电流引起心室颤动是主要的。如果通过人体的电流只有20～25mA，一般不能直接引起心室颤动或心脏停止跳动。但时间过长，仍可导致心脏停止跳动。这时，心室颤动或心脏停止跳动主要是由呼吸终止导致肌体缺氧引起的。但当通过人体的电流超过数安时，由于刺激强烈，也可能先使呼吸终止；数安的电流通过人体，还可能导致严重烧伤甚至死亡。在电流不超过数百毫安的情况下，电击致命的主要原因是电流引起心室颤动造成的，因此，可以认为室颤电流是最小致命电流。

室颤电流即通过人体引起心室发生纤维性颤动的最小电流。室颤电流除取决于电流持续时间、电流途径、电流种类等电气参数外，还取决于机体组织、心脏功能等人体生理特征。室颤电流与电流持续时间有很大关系，室颤电流当持续时间大于1s时，不能超过50mA。

8．人体的电阻是如何分布的？

人体的电阻主要包括皮肤的电阻和内部组织的电阻两部分。

皮肤电阻一般指手和脚的表面电阻，它随皮肤表面干湿程度及接触电压而变化。由于皮肤的角质层具有一定的绝缘性能，因此，决定人体电阻的主要是皮肤的角质外层。表皮角质外层厚的人电阻较高，反之较小。但表皮角质层的绝缘强度是十分有限的，一般在50V电压时出现缓慢的破坏现象，几秒钟后接触点即生水泡，因而破坏了干燥皮肤的绝缘性能，使人体的电阻降低。当电压升达500V时很快就被击穿而成为电流的通路了。不同类型的人，皮肤电阻差异很大，因而使人体电阻差别很大。人体电阻值与外加电压大小基本上没有关系，一般认为，人体电阻为1 000Ω～2 000Ω。

而人体内部组织电阻是固定不变的，并与接触电压和外界条件无关，约为500Ω左右。

影响人体电阻的因素很多，除皮肤厚薄的影响外，皮肤潮湿、多汗、有损伤或带有导电性粉尘等，都会降低人体电阻；接触面积加大、接触压力增加也会降低人体电阻。

9．电气事故有哪些种类？

电气事故是由局外能量作用于人体或电气系统内能量传递发生故障而导致的人

身伤害和设备的损坏。电气事故可分为触电事故、静电事故、雷电灾害、射频辐射危害和电路故障5类。

（1）触电事故：触电事故是由电流的能量对人体造成的伤害。电流对人体的伤害可以分为电击和电伤。绝大部分触电伤亡事故都含有电击的成分。与电弧烧伤相比，电击致命的电流小得多，但电流作用时间较长，而且在人体表面一般不留下明显的痕迹。

（2）静电事故：静电指在生产工艺过程中和工作人员操作过程中，由于某些材料的相对运动，接触与分离等原因而积累起来的相对静止的正电荷和负电荷。这些电荷周围的电场中储存的能量不大，不会直接使人致命。但是，静电电压可能高达数万乃至数十万伏可能在现场发生放电，产生静电火花。在火灾和爆炸危险场所，静电火花是一个十分危险的因素。

（3）雷电灾害：雷电是大气电，是由大自然的力量分离和积累的电荷，也是在局部范围内暂时失去平衡的正电荷和负电荷。雷电放电具有电流大、电压高等特点，其能量释放出来可能产生极大的破坏力。雷击除可能毁坏设施和设备外，还可能直接伤及人、畜，还可能引起火灾和爆炸。

（4）射频辐射危害：射频辐射危害即电磁场伤害。人体在高频电磁场作用下吸收辐射能量，使人的中枢神经系统、心血管系统等器官会受到不同程度的伤害。射频辐射危害还表现为感应放电。

（5）电路故障：电路故障是由电能传递、分配、转换失去控制造成的。断线、短路、接地、漏电、误合闸、误掉闸、电气设备或电气元件损坏等都属于电路故障，电气线路或电气故障可能影响到人身和设施的安全。

10. 防止触电事故的检修安全措施有哪些？

防止触电事故的检修工作可分为全部停电检修、部分停电检修和不停电检修3种情况。为了保证安全，应建立必要的工作票制度和停电保护制度。

（1）工作票制度

检修工作票是保证安全检修的一项重要的组织措施。工作前，由工作负责人事先按照工作任务的要求确定检修人员、停电范围、工作时间及所需采取的安全措施，填写工作票，以防止工作的盲目性、临时性和错误操作，提高安全可靠性。

工作票有两种，在高压设备上工作需要全部停电或部分停电者，以及在高压室内的二次回路和照明等回路上的工作，需将高压设备停电或采取安全措施者，应填写第一种工作票。

在带电作业和带电设备外壳上工作，控制盘和低压配电盘、配电箱、电源干线上的工作；在二次接线回路上工作，无须将高压设备停电的，转动中的发电机、同期调相机的励磁回路或高压电动机转子电阻回路上的工作，非当值值班员用绝缘棒和电压互感器定相或用钳形电流表测量高压回路的电流等情况下，应填写第二种工作票。

第一种工作票

编号：

1．工作负责人（监护人）：

班组：

2．工作班人员：　　　　　共　　　　　人

3．工作内容和工作地点：

4．计划工作时间自　　　年　　月　　日　　时　　分

至　　　年　　月　　日　　时　　分

5．安全措施：

下列由工作票签发人填写　　　　　　　下列由工作许可人（值班员）填写

应拉开关和刀闸，包括填写前已拉开关和刀闸（注明编号）	已拉开关和刀闸（注明编号）
应装接地线（注明地点）	已装接地线（注明地点编号和装设地点）
应设遮拦，应挂标识牌	已设遮拦，已挂标识牌（注明地点）
	工作地点保留带电部分和补充安全措施
工作票签发人签名： 收到工作票时间：　年　月　日 值班负责人签名：	工作许可人签名： 值班负责人签名：

值长签名：

6．许可开始工作时间：　　　年　　月　　日　　时　　分

工作负责人签名：　　　　　工作许可人签名：

7．工作负责人变动：

原工作负责人　　　离去，变更　　　为工作负责人。

变动时间：　　　年　　月　　日　　时　　分

工作票签发人签名：

8．工作票延期，有效期延长到　　　年　　月　　日　　时　　分

工作负责人签名：

值长或值班负责人签名：

9．工作结束：　　　年　　月　　日　　时　　分结束。

工作负责人签名：　　　　　工作许可人签名：

接地线共　　　组已拆除。值班负责人签名：

10．备注：

第二种工作票

编号：

1．工作负责人（监护人）：

班组：

工作人员：

2．工作任务：

3．计划工作时间自　　年　　月　　日　　时　　分

至　　年　　月　　日　　时　　分

4．工作条件（停电或不停电）：

5．注意事项（安全措施）______________________________

工作票签发人签名：

6．许可开始工作时间：______年______月______日______时______分

工作负责人签名：　　　　　　工作许可人签名：

7．工作结束：______年______月______日______时______分结束。

工作负责人签名：　　　　　　工作许可人签名：

8．备注：______________________________

另外，根据不同的检修任务、不同的设备条件以及不同的管理机构，可选用或制订适当格式的工作票。

（2）停电保护制度

全部停电和部分停电的检修工作须采取下列步骤，以保证安全。

① 停电：应注意对所有能够给检修部分送电的线路，要全部切断，并采取防止误合闸的措施。

② 验电：对已停电的线路或设备，不论其经常接入的电压表或其他信号是否显示无电，均应验电。

③ 放电：放电的目的是消除被检设备上残存的静电。

④ 装设临时接地线：为了防止意外送电和二次系统意外的反馈电，以及消除其他方面的感应电，应在被检修部分外端装设必要的临时接地线。

⑤ 装设遮栏：在部分停电检修时，应将带电部分遮栏起来，使检修工作人员与带电体之间保持一定的距离。

⑥ 悬挂标志牌：标志牌的作用是提醒人们注意，表示线路或设备的运行状态。

11．当人体触电后，怎样选用正确方法进行急救？

触电急救的基本原则是动作迅速、方法正确。当通过人体的电流进一步增大，至接近或达到致命电流时，触电者会出现神经麻痹、呼吸中断、心脏跳动停止等现象，外表上呈现昏迷不醒的状态，这时，应迅速而持久地进行抢救。有资料指出，从触电后 1min 开始救治者，90%有良好效果；从触电后 6min 开始救治者，10%有良

好效果；而从触电后 12min 开始救治者，救活的可能性很小。由此可见，动作迅速是非常重要的。有触电者经过 4h 或更长时间的人工呼吸而得救的事例。触电急救主要运用以下方法。

（1）脱离电源。人触电后，可能由于痉挛或失去知觉等原因，抓紧带电体，不能自行摆脱电源，这时，使触电者尽快脱离电源是救活触电者的首要任务。在急救过程中，要注意救护人不可直接用手或其他金属及潮湿的物件作为救护工具，而必须使用适当的绝缘工具；救护人员最好用一只手操作以防自己触电；需防止触电者脱离电源后可能的摔伤，特别是当触电者在高处的情况下，应考虑防摔措施；即使触电者在平地，也要注意触电者倒下的方向，注意防摔；如事故发生在夜间，应迅速解决临时照明问题，以利于抢救，并避免扩大事故。

（2）现场急救方法。当触电者脱离电源后，应根据触电者的具体情况迅速对症救护。现场应用的主要救护方法是人工呼吸法和胸外心脏挤压法。应当注意，急救要尽快进行，不能等候医生的到来，在送往医院的途中，也不能终止急救。

人工呼吸法主要适用于伤势较重，无知觉、无呼吸，但心脏有跳动的触电者。实施人工呼吸前要使呼吸道畅通，首先要很快地解开触电者的衣领，清除口腔内妨碍呼吸的食物、血块、黏液等，并使触电者仰卧、头部尽量后仰，不要垫枕头，鼻孔朝天。这时救护人在触电者头部的一侧，用一只手捏紧他的鼻孔，另一只手撬开他的嘴巴，救护人深吸气后，紧贴触电者，口对口向内吹气，时间约 2s，使其胸部膨胀。吹完气后，立即将口离开，并同时放松鼻孔让其自动呼吸，时间为 3s（即吹 2s 放松 3s），如图 2-3 所示。如触电者口撬不开，就用口对鼻呼吸法，捏紧嘴巴，紧贴鼻子向内吹气，如此反复进行。触电者如果是儿童，只能小口吹气。

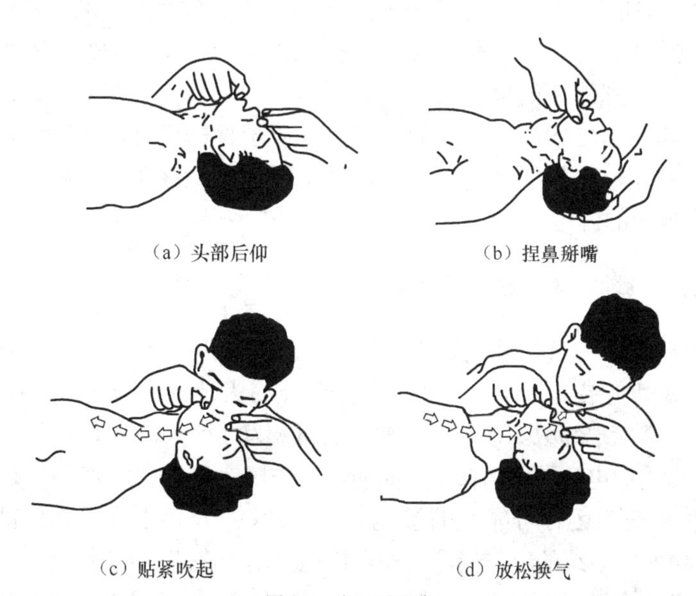

（a）头部后仰　　（b）捏鼻掰嘴

（c）贴紧吹起　　（d）放松换气

图 2-3　人工呼吸法

胸外挤压法适用急救心脏停止跳动的触电者。首先将触电者衣服解开使其仰卧在比较坚实的地方，救护人员跪在触电者的一侧，或骑跪在他的腰部，两手相叠（儿童只需一只手），手掌根部放在心窝稍高一点的地方，掌根向下挤压（儿童轻一点），压出心脏里的血液，压下深度约为3cm～4.5cm，每分钟以60次为宜。挤压后，掌根立即放松（但不要离开胸膛），让触电者自动复原，使血液重新流回心脏，如此反复进行，如图2-4所示。

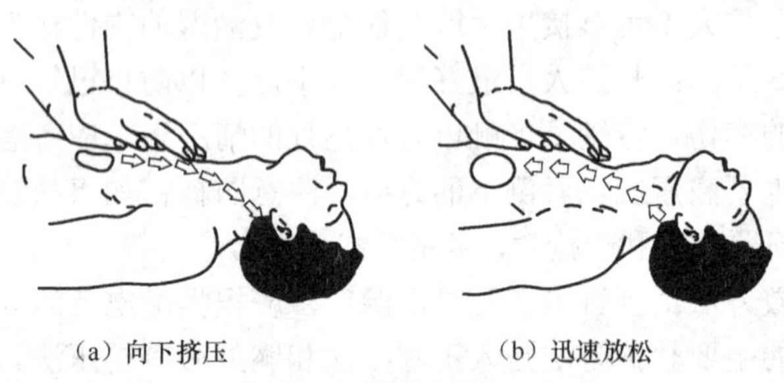

（a）向下挤压　　（b）迅速放松

图2-4　胸外挤压法

12．什么是电弧？电弧为什么具有极高的温度？

电弧或弧光是气体放电的一种形式。在正常状态下，气体具有良好的电气绝缘性能，但当在气体间隙的两端加上足够大的电场时，就可以引起电流通过气体，这种现象称为放电。放电现象与气体的种类和压力、电极的材料和几何形状、两极间距离以及加在间隙两端的电压等因素有关。

电弧是气体自持放电的一种形式，并且可以认为是放电的最终形式。那么，电弧为什么会具有极高的温度呢？

在电弧产生的过程中，可能在几个微秒的时间内达到大约4 000～5 000℃的高温。

电场是电弧放电的电能基本来源，在电场作用下，电子和离子得到加速和能量，因而温度上升，得到加速的电子与中性分子撞击，因此使分子的振动运动加强，互撞频繁而使气体的温度增高；加速的电子也与原子撞击而使原子激发，由于受激原子撞击次数的增加，它们的温度也上升。这个过程是在高强度、瞬间完成的，因此电弧具有上述极高的温度。

13．什么是接地？为什么要接地？

接地是指与大地的直接连接，电气装置或电气线路带电部分的某点与大地的连接、电气装置或其他装置正常时不带电部分某点与大地的人为连接都被叫做接地。

接地分为正常接地和故障接地。正常接地即人为接地，包括工作接地和安全接地。工作接地主要指用做电流回路的接地，如弱电工作接地和一些直接工作接地。工作接地也包括提高系统安全运行可靠性的接地，如110kV及以上高压系统的工作接地和0.23/0.4kV三相四线系统的工作接地。安全接地是用于在正常状态下和故障状态下保障人身安全和设备安全运行的接地，如保护接地、防雷接地、防静电接地和电磁屏蔽接地。

故障接地指电气装置或电气线路的带电部分与大地之间意外的连接，如电力线路接地、电气设备漏电接地等。

14．什么是接地电流、接地短路电流？

自接地点流入地下的电流即接地电流。电流流入地下后，自接地电流叫做接地短路电流。就一套接地装置而言，流散电流总是与接地电流相等的。

在接地系统中，一相接地电流较大，可能构成系统短路，这时的接地电流叫做接地短路电流。在高压接地系统中，接地短路电流可能很大。接地短路电流在500A及500A以下者称为小接地短路电流系统，接地短路电流在500A以上者称为大接地短路电流系统。

15．什么是保护接地？保护接地的工作原理是什么？

为了防止电气设备外露的不带电导体意外带电造成危险，将该导体经保护接地线与埋在地下的接地体或接地的保护干线紧密连接的做法和措施叫做保护接地，如图2-5所示。

保护接地的工作原理是当设备的金属外壳意外带电时，将其故障对地电压限制在规定的安全范围内，或在允许的时间内切断电源，消除电击的危险。保护接地还能消除感应电的危险。

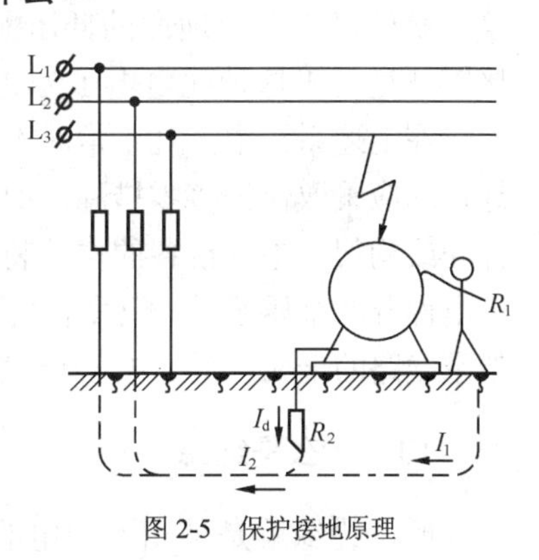

图2-5　保护接地原理

16．哪些作业场所应保护接地？

保护接地适用于不同类型、不同电压等级的中性点不接地或经高阻抗接地的配电网，构成TT系统。此外，在额定电压为0.23/0.4kV、低压中性点直接接地的三相四线配电网中，如装有漏电保护装置，也可采用保护接地措施，构成TT系统。

在上述系统中，凡正常时不带电而故障时可能带危险电压（包括感应电）的金属导体均应采取保护接地措施，如电动机、变压器、开关设备、移动式电气设备的金属外壳或构架、控制台的金属接头盒及金属外皮、架空线路的金属杆塔、电压互感器和电流互感器的二次线圈的一端、装有避雷线的电力线杆、配电室的钢筋混凝土构架及高频设备的屏蔽等均应采取保护接地措施。

17．什么是保护接零？保护接零的工作原理是什么？

将电气设备外露的正常情况下不带电导体（金属外壳）经接零线与配电网的保护零线（保护导体，包括PE线和PEN线）紧密连接起来的做法和措施叫做保护接零。其工作原理是使漏电形成单相短路，由短路电流促使线路上的过电流保护装置迅速动作以切断该漏电设备的电源，如图2-6所示。

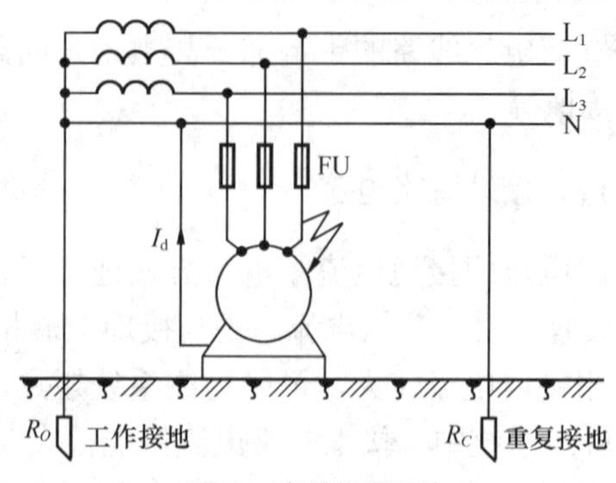

图 2-6 保护接零原理

18．哪些作业场所应保护接零？

我国绝大多数地面的低压配电网都采取低压中性点直接接地的运行方式。保护接零就适用于这种配电电压为 0.23/0.4kV、低压中性点直接接地的三相四线配电网。

在上述系统中，凡正常时不带电而故障时可能带危险电压（包括感应电）的金属导体均应采取保护接零措施，如电动机、变压器、开关设备、移动式电气设备的金属外壳或构架、电气设备的传动装置、配电装置的金属构架、控制台的金属框架及靠近带电部分的金属遮栏、配线的金属管、交直流电力及控制电缆金属接头盒及金属外皮、架空线路的金属杆塔、电压互感器和电流互感器的二次线圈等均应采取保护接零措施。

19．什么是绝缘？

所谓绝缘就是使用不导电的物质将带电体隔离或包裹起来，以对触电起保护作用的一种安全措施。良好的绝缘是保证电气设备与线路的安全运行，防止人身触电的最基本和最可靠的手段。

绝缘通常可分为气体绝缘、液体绝缘和固体绝缘 3 类。绝缘材料也相应的分为以上 3 类。通常，电工上将电阻率在 107Ω以上的材料称为绝缘材料。在实际应用中，固体绝缘材料是广泛使用且最为可靠的一种绝缘物质。

有强电作用下，绝缘物质可能被击穿而丧失其绝缘性能。在上述 3 类绝缘材料中，气体绝缘材料被击穿后，一旦去掉外界因素（强电场）后即可自行恢复其固有的电气绝缘性能；而固体绝缘材料被击穿以后，则不可逆地完全丧失了其电气绝缘性能。因此，电气线路与设备的绝缘材料选择必须与电压等级相配合，而且须与使用环境及运行条件相适应，以保证绝缘的安全作用。

此外，由于腐蚀性气体、蒸汽、潮气、导电性粉尘以及机械操作等原因，均可能使绝缘材料的绝缘性能降低甚至破坏。而且，日光、风雨等环境因素的长期作用，也可以使绝缘材料老化而逐渐失去其绝缘性能。

绝缘电阻是电气设备和电气线路最基本的绝缘指标。各种线路与设备在不同条件下所应具备的绝缘电阻大致如下。

一般情况下，新装或大修后的低压线路与设备，其绝缘电阻不应低于 0.5MΩ；运行中的低压线路与设备，其绝缘电阻不应低于 1 000Ω/V；在潮湿场合下的设备与线路，其绝缘电阻不应低于 500Ω/V；控制线中的绝缘电阻一般不应低于 1MΩ；而高压线路与设备的绝缘电阻一般不应低于 1 000MΩ。I 类手持电动工具的绝缘电阻不应低于 2MΩ。注意：使用电笔时一定不可以将其中的绝缘电阻替换成普通电阻。

20. 绝缘工具是如何分类的？如何进行防触电保护？

电动工具按其绝缘结构不同分为Ⅰ、Ⅱ、Ⅲ类。

Ⅰ类工具是指采用普通基本绝缘的电动工具，在防触电保护方面不仅依靠其基本绝缘，而且还应附加一个安全预防措施，即对正常情况下不带电，而在其基本绝缘损坏时变为带电体的外露可导电部分作保护接零。为了可靠，保护接零应不少于两处，并且还要附加漏电保护，同时要求操作者使用绝缘防护用品。

Ⅱ类工具是指采用双重绝缘的电动工具，在防触电保护方面不仅依靠其基本绝缘，而具有将其正常情况下的带电部分与可触及的不带电的可导电部分作双重绝缘或加强绝缘隔离措施，相当于将操作者个人绝缘防护用品以可靠的、有效的方式设计制作在工具上。

Ⅲ类工具是指采用安全特低电压供电的电动工具，在防触电保护方面依靠安全隔离变压器供电。

21. 如何正确使用绝缘用具？

绝缘安全用具分为基本安全用具和辅助安全用具，前者的绝缘强度能长时间承受电气设备的工作电压，能直接用来操作带电设备，后者的绝缘强度不足以承受电气设备的工作电压，只能加强基本安全用具的保护作用。

（1）绝缘杆和绝缘夹钳：绝缘杆和绝缘夹钳都是基本安全用具。绝缘夹钳只用于 35kV 及 35kV 以下的电气操作。绝缘杆和绝缘夹钳都由工作部分、绝缘部分和握手部分组成。握手部分和绝缘部分用浸过绝缘漆的木材、硬塑料、胶木或玻璃钢制成，其间由护环分开。绝缘杆俗称令克棒，可用来操作高压隔离开关，操作跌落式保险器，单极隔离开关、柱上油断路器安装和拆除临时接地线，安装和拆除避雷器，以及进行测量和试验等项工作。绝缘夹钳主要用来拆除和安装熔断器及其他类似工作。考虑到电力系统内部过电压的可能性，绝缘杆和绝缘夹钳的绝缘部分和握手部分的最小长度应符合要求。绝缘杆工作部分金属钩的长度，在满足工作需要的情况下，不宜超过 5cm～8cm，以免操作时造成相间短路或接地短路。

（2）绝缘手套和绝缘靴：绝缘手套和绝缘靴用橡胶制成。二者都作为辅助安全用具，但绝缘手套可作为低压工作的基本安全用具。绝缘手套的长度至少应超过手腕 10cm。

（3）绝缘垫和绝缘站台：绝缘垫和绝缘站台可作为辅助安全用具。绝缘垫用厚度 5mm 以上、表面有防滑条纹的橡胶制成，其最小尺寸不宜小于 0.8m×0.8m。绝缘站台用木板或木条制成，相邻板条之间的距离不大于 2.5cm，以免鞋跟陷入；站台不得有金属零件；台面板用支持绝缘子与地面绝缘，支持绝缘子高度不得小于 10cm；台面板边缘不得伸出绝缘子以外，以免站台翻倾，人员摔倒。绝缘站台最小尺寸不宜小于 0.8m × 0.8m，但为了便于移动和检查，最大尺寸也不宜超过 1.5m × 1.0m。绝缘台的试验电压为 40kV，加压时间为 2min，定期试验一般每 3 年进行一次。

22．什么是安全电压？

由欧姆定律（$I=U/R$）可知：流经人体电流的大小与外加电压和人体电阻有关。人体电阻除人的自身电阻外，还应附加上人体以外的衣服、鞋、裤等电阻，虽然人体电阻一般可达 2 000Ω，但是，影响人体电阻的因素很多，如皮肤潮湿出汗、带有导电性粉尘、加大与带电体的接触面积和压力以及衣服、鞋、袜的潮湿油污等情况，均能使人体电阻降低，所以通常流经人体电流的大小是无法事先计算出来的。为确定安全条件，往往不采用安全电流，而是采用安全电压来进行估算。

安全电压即为防止触电事故而采用的由特定电源供电的电压系列。这个电压系列的上限值，在任何情况下，两导体间或任意导体与地之间均不得超过交流（50～500Hz）有效值 50V。

注：①除采用独立电源外，安全电压的供电电源的输入电路与输出电路必须实行电路上的隔离。②工作在安全电压下的电路，必须与其他电气系统和任何无关的可导电部分实行电气上的隔离。

23．安全电压的等级是如何划分的？

根据生产和作业场所的特点，采用相应等级的安全电压，是防止发生触电伤亡事故的根本性措施。国家标准《安全电压》（GB3805—83）规定我国安全电压额定值的等级为 42V、36V、24V、12V 和 6V，如表 2-2 所示。

表 2-2　　安全电压的等级及选用举例

安全电压（交流有效值）		选用举例
额定值（V）	空载上限值（V）	
42	50	在有触电危险的场所使用的手持电动工具等
36	43	在矿井、多导电粉尘等场所作用的行灯等
24	29	可供某些具有人体可能偶然触及的带电体的设备使用
12	15	
6	8	

说明：① 本标准不适用于水下等特殊场所，也不适用于有带电部分能伸入人体的医疗设备。

② 当电气设备采用了 24V 以上的安全电压时，必须采取防直接接触带电体的保护措施，其电路必须与大地绝缘。

③ 安全电压的选用及使用条件，由各主管部门根据实际情况予以具体规定。

应根据作业场所、操作员条件、使用方式、供电方式、线路状况等因素选用安全电压的等级。一般在干燥而触电危险性较大的环境下，安全电压规定为36V，对于潮湿而触电危险性较大的环境（如金属容器、管道内施焊检修），安全电压规定为12V，这样，触电时通过人体的电流，可被限制在较小范围内，在一定的程度上保障了人身安全。

24．手持电动工具容易发生触电事故的原因是什么？

手持电动工具容易发生触电事故的原因如下。

（1）手持电动工具是在人的紧握之下运行的，人与工具之间的电阻小。一旦工具外露部分带电，将有较大的电流通过人体，容易造成严重后果。

（2）手持电动工具是在人的紧握之下运行，一旦触电，由于肌肉收缩而难以摆脱带电体，容易造成严重后果。

（3）手持电动工具有很大的移动性，其电源线容易受拉、磨而漏电，电源线连接处容易脱落而使金属外壳带电，导致触电事故。

（4）手持电动工具有很大的移动性，运行时移动大，而且可能在恶劣的条件下运行，容易损坏而使金属外壳带电，导致触电事故。

（5）小型手持电动工具采用220V单相交流电源，由一条相线和一条工作零线供电，如错误地将相线接在金属外壳上或错误地将保护零线断路，均会造成金属外壳带电，导致触电事故。

25．当线路因负荷过大造成熔丝经常熔断，为什么不能用铜丝、铁丝代替？

当电流超过熔丝额定电流 5 倍时，线路上的熔丝就会立即熔断，说明该线路处于过载或短路状态。而熔断器的熔丝通常被设计为电力线路上的薄弱环节，这是电力系统自我保护的需要。熔丝熔断是电力线路过载或短路故障的正常反应，正确的处理方法是对电力线路及电力线路上的配电装置和用电设备负载进行检查，查出故障点并将其排除，然后更换原规格的熔丝，再合闸通电。如果在故障没有查出并排除的情况下，盲目地用大于电力线路安全载流量的铜或铁丝代替原规格的熔丝，合闸通电后必然导致电力线路温度升高，烧毁绝缘，甚至引发新的短路故障，发生火灾。所以，在已设计好的电力线路上，不要随意增挂用电设备。如果熔丝熔断是由于设计不合理，则应重新进行负荷计算和短路计算，然后根据新的计算结果重新选择更换线路导线和熔断器，不过仍应保证熔丝安装在电力线路上的最薄弱的环节。

26．新职工安全用电的要求有哪些？

工厂里用电设备很多，每个人接触电气设备的机会也多。作为新职工必须掌握如下用电安全基本知识。

（1）车间内的电气设备不要随便乱动。自己使用的设备、工具，如果电气部分出了故障，不得私自修理，也不能带故障运行，应立即请电工检修。

（2）自己经常接触和使用的配电箱、配电板、闸刀开关、按钮开关、插座、插销以及导线等，必须保持完好、安全，不得有破损或将带电部分裸露出来。

（3）在操作闸刀开关、磁力开关时，必须将盖盖好，防止万一合闸时发生电弧或熔丝熔断伤人。

（4）使用的电气设备，其外壳按有关安全规程必须进行防护性接地或接零。对于接地或接零的设施要经常进行检查。一定要保证连接牢固，接地或按零的导线不得有任何断开的地方，否则接地或接零就不起任何作用了。

（5）需要移动某些非固定安装的电气设备，如电风扇、照明灯、电焊机等时，必须先切断电源再移动。同时，要将导线收好，不得在地面上拖来拖去，以免磨损。如果导线被物体轧住时，不要硬拉，防止将导线拉断。

（6）在使用手电钻、电砂轮等手用电动工具时，很容易造成触电事故，为此必须注意如下几点。

① 必须安设漏电保安器，同时工具的金属外壳应进行防护性接地或接零。

② 对于使用单相的手用电动工具，其导线、插销、插座必须符合单相三眼的要求；对于使用三相的手用电动工具，其导线、插销、插座必须符合单相四眼的要求，其中有一相用于防护接零。严禁将导线直接插入插座内使用。

③ 操作时应戴好绝缘手套和站在绝缘板上。

④ 注意不得将工件等重物压在导线上，防止轧断导线发生触电。

（7）工作台上、机床上使用的局部照明灯，其电压不得超过 36V。

（8）使用的行灯要有良好的绝缘手柄和金属护罩。灯泡的金属灯口不得外露，引线要采用有护套的双芯软线，并装有“T”形插头。行灯的电压在一般场所不得超过 36V，在特别危险的场所，如锅炉、金属容器内、潮湿的地沟处等，其电压不得超过 12V。

（9）在一般的情况下，禁止使用临时线，如必须使用时，必须经过相关部门批准。临时线应按有关安全规定装好，不得随便乱拉乱拽，并按规定时间拆除。

（10）在进行容易产生静电火灾、爆炸事故的操作时（如使用汽油洗涤零件、擦拭金属板材等）必须有良好的接地装置，以便及时导出聚集的静电。

（11）在雷雨天，不要走近高压电杆、铁塔、避雷针的接地导线周围 20m 之内，以免有雷击时发生雷电流入地下产生跨步电压触电。

（12）在遇到高压电线断落到地面时，导线断落点周围 10m 之内，为了防止跨步电压触电，应用单足或并足跳离危险区。

（13）发生电气火灾时，应立即切断电源，用黄砂、二氧化碳、四氯化碳等灭火器材灭火。切不可用水或泡沫灭火器灭火，因为它们有导电的危险。救火时应注意自己身体的任何部分及灭火器具不得与电线、电气设备接触，以防发生触电。

（14）在打扫卫生、擦拭设备时，严禁用水去冲洗电气设施，或用湿抹布去擦拭电气设施，以防发生短路和触电事故。

27. 电气设备发生火灾，切断电源要注意哪些问题？

当发现电气设备或线路起火后，首先要设法尽快切断电源。切断电源要注意以下几点。

（1）火灾发生后，受潮或烟熏，开关设备绝缘能力降低，因此，拉闸时最好用绝缘工具操作。

（2）高压电路发生火灾应先操作断路器而不应先操作隔离开关切断电源，以免引起弧光短路。

（3）切断电源的地点要选择适当，防止切断电源后影响灭火工作。

（4）剪断电线时，不同相电位应在不同部位剪断，以免造成短路；剪断空中电线时，剪断位置应选择在电源方向的支持物附近，以防止电线切断后断落下来造成接地短路和触电事故。

28. 带电灭火应注意哪些安全问题？

为了争取灭火时间，防止火灾扩大，在来不及断电，或因需要或其他原因不能断电，则需要带电灭火。带电灭火应注意以下几点。

（1）应按灭火剂的种类选择适当的灭火机。二氧化碳、四氯化碳、二氟一氯一溴甲烷（即 1211）、二氟二溴甲烷或干粉灭火机的灭火剂都是不导电的，可用于带电灭火。泡沫灭火机的灭火剂（水溶液）有一定的导电性，而且对电气设备的绝缘有影响，不宜用于带电灭火。

（2）用水枪灭火时宜采用喷雾水枪，这种水枪通过水柱的泄露电流较小，带电灭火比较安全；用普通直流水枪灭火时，为防止通过水柱的泄露电流通过人体，可以将水枪喷嘴接地，也可以让灭火人员穿戴绝缘手套和绝缘靴或穿均压服操作。

（3）人体与带电体之间要保持必要的安全距离。用水灭火时，水枪喷嘴至带电体的距离：电压为 110kV 及以下者不应小于 3m，220kV 及以上者不应小于 5m。用二氧化碳等不是导电的灭火机时，机体、喷嘴至带电体的最小距离：10kV 不应小于 0.4m，36kV 不应小于 0.6m。

（4）对架空线路等空中设备进行灭火时，人体位置与带电体之间的仰角不应超过 45°，以防导线断落危及灭火人员的安全。

（5）如遇带电导线跌落地面，要划出一定的警戒区，防止跨步电压伤人。

（6）运行的电动机着火，采用二氧化碳、四氯化碳、1211 灭火器扑灭，不可用干粉、沙子灭火。

29. 电气设备着火后，能直接用水灭火吗？

电气设备着火后，不能直接用水灭火。因为水中一般含有导电的杂质，喷在带电设备上，再渗入设备上的灰尘杂质，则容易导电。如用水灭火，还会降低电气设备的绝缘性能，引起接地短路，或危及附近救火人员的安全。一般都采用二氧化碳、四氯化碳、“1211”、干粉等灭火剂，这些是不导电的。但对变压器、油断路器等充油设备发生火灾后，则可把水喷成雾状灭火。因水雾面积大，覆盖在火焰上，细小的很易吸热汽化，将火焰温度迅速降低；上升的烟气流又使悬浮的雾状水粒降落缓慢，更有利于吸热汽化；落下的细小水珠浮在油面上，也使油面温度降低，减弱了油的汽化，从而使火焰减弱以至熄灭。

30. 高压电场对人体有哪些影响？

通过试验得知，当人体处于电场强度为200～250kV/m的情况下，人体皮肤就会出现有风吹的感觉。当电场强度升到500～700kV/m时，皮肤就有麻木和刺痛感。当电场强度高达一定的数值时，甚至可能发生弧光放电。因此认为，在正常情况下，控制人体表面的电场强度不超过200kV是合适的。在我国44～300kV的变电所，当巡视维护人员站在带电设备下面举手时，按照2m高度考虑，人体表面的电场强度也不超过150kV/m，个别330kV的变电所，最高电场强度也不超过150kV/m。330kV输电线路在跨越公路、导线对地距离为8m时，人的体表场强为40kV/m，因此，无论在变电所或输电线路下面，都不会有不舒服的感觉。当人体场强超过200kV/m时，可穿均压服或采取其他屏蔽措施。

31. 建筑施工现场临时用电有哪些安全技术要求？

随着建筑业的迅猛发展，施工中的电气装置和电气设备也日益增加。而施工现场复杂多变的环境和用电的临时性，使得电气设备的工作条件变坏，从而发生电气事故，特别是因漏电引起的人身触电事故增多。

为了有效地防止各种意外的触电伤害事故，保障施工人员的安全，规定了施工现场临时用电要求。它的主要特点是：一是在施工现场实行TN-S系统，即增加了保护零线，做到了重复接地，把施工现场原来使用的三相四线变成了五线；二是实行了两级保护，即在电气设备的首末端分别安装漏电保护器。这些措施大大地加强了临时用电的安全性。

临时用电安全技术要求的主要内容包括：用电管理，提出了临时用电必须编制施工组织设计方案；施工现场与周围环境，规定了电气设备的安全距离；注意接地与防雷；备有配电室与自备电源；配电线路，规定了架空线路、电缆线路、室内配线的规则；电动建筑机械及手持电动工具，规定了使用要求及漏电保护器的使用方法；规定了各种场所照明的使用原则等。

32. 在进行施工作业时如何避免邻近电力线路对作业造成危害？

（1）在建工程不得在邻近电力线路下方施工、搭设作业棚、建造暂时性设施，以及堆放物品等。

（2）在建工程外侧边缘与邻近电力线路之间应保持足够的安全操作距离。其中，距1kV以下线路不小于4m，距1～10kV线路不小于6m，距35～110kV线路不小于8m，距 154～220kV 线路不小于 10m，距 330～500kV 线路不小于 15m。

（3）施工现场机动车道与电力线路交叉时，线路距地面应保证最小垂直距离。其中 1kV 以下线路为 6m，1～10kV 以上线路为 7m。

（4）起重机任何部分（包括吊绳）与 10kV 以下架空电力线路边线的最小距离不得小于 2m。

（5）开挖非热管道沟槽时，沟槽边缘与埋地外电电缆沟槽边缘之间的距离不得小于 0.5m。

（6）不能保证安全操作距离时，应通过增设屏障、遮栏、围栏、保护网等进行防护隔离，并悬挂醒目的警告标志牌。

（7）不能保证安全操作距离，也无法增设防护隔离设施时，则应考虑迁移外电线路或改变在建工程位置。

（8）施工作业应保证不损伤电力线路、不破坏电力线路的有关设施。

33. 静电是如何产生的？有哪些危害？

静电是在宏观范围内暂时失去平衡的、相对静止的正电荷和负电荷。当两种物质之间的距离小于 25×10^{-8}cm 时，在此两种物质间发生电子转移，接触面上出现双电层，并产生接触电位差；这两种物体分离时，其中部分电荷回流，但仍然残留有电性相反的电荷，即产生静电。工业生产和生活中的大多数静电是由于不同物质的接触或分离或相互摩擦而产生的。例如，生产工艺中的挤压、切割、搅拌、喷溅、高电阻液体的流动和过滤等都会产生静电。

静电主要有 3 种危害形式，造成爆炸和火灾、电击伤人和妨碍生产。

爆炸和火灾：爆炸和火灾是静电最大的危害。当静电放电产生的火花能量超过周围环境中爆炸性混合物的最小引燃能量时，就会引起火灾和爆炸。

电击伤人：静电造成的电击程度与储存的能量有关，能量越大，电击越严重。人体活动时，由于衣着间或衣服与皮肤的摩擦会产生静电，人体相当于良导体，与其他物体之间放电时人便遭到电击。3kV 左右的电压对人体有电击的感觉。雷击或电容器上的残留电荷，也是静电的特征，电压极高或电容量很大，也易造成人身伤害事故。

妨碍生产：某些生产过程中，不消除静电，将会妨碍生产或降低产品质量，还可能引起电子元件的误动作，导致计算机、电子仪表受干扰而失灵等。

34. 消除静电的方法有哪些？

消除静电可通过空气或通过带电体本身及与其连接的其他物体来消除。消除静电的方法如下。

（1）静电接地：接地是消除静电危害最简单、最基本的方法。主要用来消除导电体上的静电，而不宜用来消除绝缘体上的静电。单纯为了消除导体上的静电，接地电阻 1 000Ω即可。静电接地必须牢靠，并有足够的机械强度。

（2）增湿：增湿就是提高空气的湿度以消除静电荷的积累，这种消除静电危害的方法应用比较普遍。有静电危险的场所，在工艺条件允许的情况下，可以安装空调设备、喷雾器或采用挂湿布条等方法，增加空气的相对湿度。从消除静电危害的角度考虑，保持相对湿度在70%以上较为适宜。对于有静电危险的场所，相对湿度不应低于50%。

（3）加抗静电添加剂：抗静电添加剂是特制的辅助剂。一般只需加入千分之几或万分之几的微量，即可显著消除生产过程中的静电。磷酸盐、季胺盐等可用作塑料和化纤行业的抗静电添加剂；油酸盐、环烷酸盐可用作石油行业的抗静电添加剂；乙炔碳墨等可用作橡胶行业的抗静电添加剂。采用抗静电添加剂对，应以不影响产品的性能为原则，还应注意防止某些添加剂的毒性和腐蚀性。

（4）静电中和器：静电中和器又称静电消除器，用来消除绝缘体上的静电。是在静电电荷密集的地方设法产生带电离子，将该处静电电荷中和掉。按照工作原理和结构的不同，可分为感应式中和器、高压中和器、放射线中和器和离子流中和器。

（5）工艺控制法：是指从工艺上采取适当的措施，限制静电的产生和积累。方法主要有：适当选用导电性较好的材料（如用齿轮传动代替皮带传动）；降低摩擦速度或流速；改变注油方式（如装油时最好从底部注油或沿罐壁注入）和注油管口的形状；消除油罐或管道中混入的杂质；降低爆炸性混合物的浓度。

另外，工作人员穿抗静电工作服和工作鞋，采取通风、除尘等措施也有利于防止静电的危害。

35. 雷电的种类及其危害有哪些？

雷电是大气中的雷云放电现象，雷云是产生雷电的基本条件。当带不同电荷的雷云与大地凸出物相互接近到一定程度时，将会发生激烈放电，同时出现强烈闪光，放电温度可高达200 000℃，空气受热急速膨胀，发出爆炸的轰鸣声，这就是电闪与雷鸣。雷电产生的电流幅值可达数十至数百千安，雷电压一般可达300～400kV，甚至更高。雷电大体可以分为直击雷、感应雷、珠雷（球形雷、地滚雷）、雷电侵入波等。雷电有很大的破坏力，可损坏设备或设施，危及到人的生命安全。雷电有3方面的破坏作用，表现形式为雷击。

（1）电性质的破坏作用：雷电产生的数十万至数百万伏的冲击电压，可能损坏电气设备的绝缘，烧断电线或劈裂电杆，造成停电、火灾或爆炸事故。电气设备的绝缘损坏还会造成高压窜入低压，而引起触电事故。巨大的雷电电流流入地下时，可能造成跨步电压或接触电压。

（2）热性质的破坏作用：巨大的雷电流通过导体，在极短时间内会产生大量热能，造成易燃易爆物燃烧和爆炸，或者由于金属熔化飞溅而引起火灾或爆炸事故。

（3）机械性质的破坏作用：当雷电通过被击物时，在被击物缝隙中的气体剧烈膨胀，缝隙中的水分剧烈蒸发，致使被击物破坏或爆炸。此外，雷击时所产生的静电斥力、电磁推力以及雷击时的气浪都有相当大的破坏作用。

雷击的主要对象如下。

（1）山区和平原相比，山区有利于雷云的形成和发展，易受雷击。

（2）不同性质的岩石分界地带，地质结构的断层地带，地下金属矿床或局部导电良好地带，露天的金属管道和室外堆放大量金属物品的仓库，易受雷击。

（3）雷云对地放电途径总是朝着电场强度最大的方向推进，如地面上有较高尖顶建筑物或铁塔等，建筑物群中高于 25m 的建筑物和构筑物等易受雷击。

（4）从工厂烟囱冒出的热气常有大量导电微粒和游离分子气团，它比一般空气容易导电，所以烟囱较易受雷击。

（5）一般建筑物受雷击的部位为屋角、檐角和屋脊；空旷地区的孤立物体。

36．常用的防雷装置有哪些？

避雷针、避雷线、避雷网、避雷带、避雷器都是经常采用的防雷装置。一套完整的防雷装置包括接闪器、引下线和接地装置。

（1）接闪器：避雷针、避雷线、避雷网、避雷带以及建筑物的金属屋面（正常时能形成爆炸性混合物、电火花会引起强烈爆炸的工业建筑物和构筑物除外）均可作为接闪器。它是利用其高出被保护物的突出位置，把雷电引向自身，接收雷电放电。

（2）引下线：引下线常采用圆钢或扁钢制成，其尺寸和防腐要求与避雷网和避雷带相同，如用钢绞线作引下线，其截面不应小于 $25mm^2$。

引下线应沿建筑物和构筑物外墙敷设，并经最短路径接地；引下线也可暗设，但截面应加大一级。建筑物和构筑物的金属构件也可用引下线，但必须可靠连接。此外，应注意不得采用铝线作防雷引下线。

（3）接地装置：防雷接地装置与一般接地装置的要求大体相同，但其所用材料的最小尺寸应稍大于其他装置的最小尺寸。采用圆钢最小直径为 10mm（一般接地装置为 8mm）；扁钢最小厚度为 4mm，最小截面为 $100mm^2$（一般为 $48mm^2$），角钢最小厚度 4mm；钢管最小壁为 3.5mm。

为了防止跨步电压伤人，要求防直击雷接地装置距建筑物和构筑物出入口和人行道的距离不应小于 3m。当小于 3m 时，应采取接地体局部深埋、隔以沥青绝缘层或敷设地下均压条等安全措施。

防直击的接地电阻，对于第 1 类、第 2 类工业建筑物和构筑物及第 1 类民用建筑物和构筑物，不得大于 10Ω；对于第 3 类工业建筑物和构筑物，不得大于 20～30Ω，防雷电感应的接地电阻不得大于 5～10Ω；防雷电侵入波的接地电阻一般不得大于 5～10Ω。

37．怎样正确使用试电笔？

试电笔是用来检查测量低压导体和电气设备外壳是否带电的一种常用工具。普通试电笔测量电压范围在 60～500V 之间，小于 60V 时试电笔的氖泡可能不会发光，高于500V不能用普通试电笔来测量，否则容易造成人身触电。在使用试电笔之前应将试电笔在带电设备上确认良好后方可进行验电，以避免触电事故的发生。

试电笔的用法如下。

（1）区别相线和零线：在交流电路里，用试电笔触及导线时，试电笔发亮的是相线，不发亮的是零线。

（2）判断相线或零线断路：在单相电路中，试电笔测单相电源回路相线和零线，氖管均发亮说明零线断路，氖管都不发亮则是相线断路。

（3）区别交流电和直流电：交流电通过试电笔时，氖管里的两个极同时发亮。直流电通过时，氖管里两个极只有一个发亮。

（4）区别直流电的正负极：将试电笔连接在直流电的正负极之间，发亮的一端为负极，不发亮的一端为正极。

（5）区别直流电接地的是正极还是负极：发电站和电网的直流系统是对地绝缘的，人站在地上，用试电笔去触及正极或负极，氖管是不发亮的。如果发亮，则说明直流系统有接地现象。如果发亮在靠近笔尖的一端则是正极有接地现象。当然如果接地现象微弱，达不到氖管启动电压时，虽有接地现象氖管是不会发亮的。

（6）区别电压的高低：经常是自己使用的试电笔，可根据氖管发光的强弱来估计电压高低的约略数值。

（7）相线碰壳：用试电笔触及电气设备外壳（如电机、变压器壳体），若氖管发亮，则是相线与壳体相接触，有漏电现象，如壳体安全接地，氖管是不会发亮的。

（8）相线接地：用试电笔触及三相三线制星形接法的交流电路，若有两根比通常稍亮，而另一根的亮度要弱一些，则表示这根亮度弱的导线有接地现象，但还不太严重，如两相很亮，而另一相不亮，则是一相完全接地。如果是三相四线制系统，当单相接地以后，中心线上用试电笔测量时也会发亮。

（9）设备（电机、变压器）各相负荷不平衡或内部匝间、相间短路：三相交流电路的中性点移位时，用试电笔测量中性点，就会发亮。这说明该设备（电机、变压器）的各相负荷不平衡，或者内部匝间或相线短路。以上故障较为严重时才能反映出来，且要达到试电笔的启动电压时氖管才发亮。

（10）线路接触不良或电气系统互相干扰：当试电笔触及带电体，而氖灯光线有闪烁时则可能因线头接触不良而松动，也可能是两个不同的电气系统互相干扰。

使用试电笔时，应注意以下事项。

（1）使用试电笔之前，首先要检查试电笔里有无安全电阻，再直观检查试电笔是否有损坏，有无受潮或进水，检查合格后才能使用。

（2）使用试电笔时，不能用手触及试电笔前端的金属探头，这样做会造成人身触电事故。

（3）使用试电笔时，一定要用手触及试电笔尾端的金属部分，否则，因带电体、试电笔、人体与大地没有形成回路，试电笔中的氖泡不会发光，造成误判，认为带电体不带电，这是十分危险的。

（4）在测量电气设备是否带电之前，先要找一个已知电源测一测试电笔的氖泡能否正常发光，能正常发光，才能使用。

（5）在明亮的光线下测试带电体时，应特别注意氖管是否真的发光(或不发光)，必要时可用另一只手遮挡光线仔细判别。千万不要造成误判，将氖管发光判断为不发光，而将有电判断为无电。

38．电工操作规程有哪些内容？

（1）所有绝缘、检验工具，应妥善保管，严禁他用，并应定期检查、校验。

（2）现场施工用高低压设备及线路，应按施工设计及有关电气安全技术规程安装和架设。

（3）线路上禁止带负荷接电或断电，并禁止带电操作。

（4）有人触电，应立即切断电源，进行急救；电气着火，应立即将有关电源切断后，使用泡沫灭火器或干砂灭火。

（5）安装高压开关、自动空气开关等有返回弹簧的开关设备时，应将开关置于断开位置。

（6）多台配电箱（盘）并列安装时，手指不得放在两盘的接合处，也不得触摸连接螺孔。

（7）电杆用小车搬运应捆绑卡牢。人抬时，动作一致，电杆不得离地过高。

（8）人工立杆，所用叉木应坚固完好，操作时，互相配合，用力均衡。机械立杆，两侧应设溜绳。立杆时，坑内不得有人，基础夯实后，方可拆出叉木或拖拉绳。

（9）登杆前，杆根应夯实牢固。旧木杆杆根单侧腐朽深度超过杆根直径八分之一以上时，应经加固后方能登杆。

（10）登杆操作脚扣应与杆径相适应。使用脚踏板，钩子应向上。安全带应栓于安全可靠处，扣环扣牢，不准拴于瓷瓶或横担上。工具、材料应用绳索传递，禁止上、下抛扔。

（11）杆上紧线应侧向操作，并将夹紧螺栓拧紧，紧有角度的导线，应在外侧作业。调整拉线时，杆上不得有人。

（12）紧线用的铁丝或钢丝绳，应能承受全部拉力，与导线的连接必须牢固。紧线时，导线下方不得有人，单方向紧线时，反方向应设置临时拉线。

（13）电缆盘上的电缆端头应绑扎牢固，放线架、千斤顶应设置平稳，线盘应缓慢转动，防止脱杆或倾倒。电缆敷设到拐弯处，应站在外侧操作，木盘上钉子应拨掉或打弯。雷雨时停止架线操作。

（14）进行耐压试验装置的金属外壳须接地，被试设备或电缆两端如不在同一地点，另一端应有人看守或加锁。对仪表、接线等检查无误，人员撤离后，方可升压。

（15）电气设备或材料作非冲击性试验，升压或降压，均应缓慢进行。因故暂停或试压结束，应先切断电源安全放电，并将升压设备高压侧短路接地。

（16）电力传动装置系统及高低压各型开关调试时，应将有关的开关手柄取下或锁上，悬挂标示牌，防止误合闸。

（17）用摇表测定绝缘电阻，应防止有人触及正在测定中的线路或设备。测定容性或感性材料、设备后，必须放电。雷雨时禁止测定线路绝缘。

（18）电流互感器禁止开路，电压互感器禁止短路和以升压方式运行。

（19）电气材料或设备需放电时，应穿戴绝缘防护用品，用绝缘棒安全放电。

（20）现场变配电高压设备，不论带电与否，单人值班时不准超过遮栏和从事修理工作。

（21）在高压带电区域内部分停电工作时，人与带电部分应保持安全距离，并需有人监护。

（22）变配电室内、外高压部分及线路，停电作业时注意以下几点。

① 切断有关电源，操作手柄应上锁或挂标示牌。

② 验电时应穿戴绝缘手套、按电压等级使用验电器，在设备两侧各相或线路各相分别验电。

③ 验明设备或线路确认无电后，即将检修设备或线路做短路接电。

④ 装设接地线，应由两个人进行，先接接地端，后接导体端，拆除时顺序相反。拆、接时均应穿戴绝缘防护用品。

⑤ 接地线应使用截面不小于 $25mm^2$ 多股软裸铜线和专用线夹，严禁用缠绕的方法进行接地和短路。

⑥ 设备或线路检修完毕，应全面检查无误后方可拆除临时短路接地线。

（23）用绝缘棒或传动机构拉、合高压开关，应戴绝缘手套。雨天室外操作时，除穿戴绝缘防护用品外，绝缘棒应有防雨罩，并有人监护。严禁带负荷拉、合开关。

（24）电气设备的金属外壳必须接地或接零。同一设备可做接地和接零。同一供电网不允许有的接地有的接零。

（25）电气设备所有保险丝（片）的额定电流应与其负荷容量相适应。禁止用其他金属线代替保险丝（片）。

（26）施工现场夜间临时照明电线及灯具，一般高度应不低于 2.5m，易燃、易爆场所应用防爆灯具。照明开关、灯口、插座等，应正确接入火线及零线。

（27）穿越道路及施工区域地面的电线应埋设在地下，并作标记。电线不能盘绕在钢筋等金属构件上，以防绝缘层破裂后漏电。在道路上埋设前应先穿入管子或采取其他防护措施，以防被辗压受损，发生意外。

（28）工地照明尽可能采用固定照明灯具，移动式灯具除保证绝缘良好外，还不应有接头，使用时也要做相应的固定，应放在不易被人员及材料、机具设备碰撞的安全位置，移动时，线路（电缆）不能在金属物上拖拉，用完后及时收回保管。

（29）严禁非电工人员从事电工作业。

事故案例

> 麻痹是安全的隐患，失职是安全的祸根。
> 违章是事故的根源。
> 只有做到“三不伤害”才能保证安全生产。

案例 1　违章作业　导致 26 人死亡

1．事故概况

1991 年 11 月 22 日，原皖北矿务局刘桥一矿，因低压侧接线端子的压接处紧固程度不够而产生电弧火花着火，燃及运输带和其他可燃物，致使井下作业人员 26 人死亡，造成直接经济损失 48 万元。

刘桥一矿掘进一区大班班前会上，机电队长布置孙××当日下井 65 采区皮带机卷 JD-25 内齿轮绞车的 80N 开关，以待使用。该队副队长告知孙××该开关有一相漏电。孙××检修了 80N 开关，更换了该开关的零部件，但在没有查明和排除故障的情况下，就让 65 采区变电所送电，孙××按动按钮试车，由于检漏继电器未动作，导致开关短路，加之 65 采区下部变压所变压器未跳闸，短路电流冲击到变压器低压侧，因低压侧接线端子的压接处紧固程度不够而产生电弧火花，引起该处弧光短路，产生强大的电流和高温，将低压侧绝缘瓷头炸碎，继而造成炸脱瓷头的低压侧接线柱接触变压器外壳，再次短路，使变压器油温和压力急骤上升、着火，燃及运输带和其他可燃物，形成猛烈火势，致使井下作业人员 26 人死亡，直接经济损失 48 万元。

2．事故原因

（1）擅自撤掉井下变电所主管人员。1991 年 8 月，被告人周××擅自撤掉井下看管人员，机电科领导得知后，要求周××重新派人看管，到事故发生时也没有派人看管。

（2）违章作业。副队长告知孙××80N 开关有一相漏电，孙××没有按照电工寻找漏电故障的规定进行检查、没有查明和排除故障，只是更换一下开关便让送电是导致弧光的主要原因。

（3）苏××违反停产检修计划，对 65 采区下部变电所没有检修，留下重大隐患。

案例2 偷偷换保险 给生产造成较大损失

1．事故概况

2005年2月23日11点30分，某化工厂电位车间维修班维护电工鄢某，在检修二级中控配电室低压电容柜时，在未断电的情况下，直接用手钳拔插式保险，因操作不当，手钳与相邻的保险搭接引起短路，形成的电弧将鄢某的双手、脸、颈脖部大面积严重灼伤。幸亏被送进医院及时救治，鄢某才脱离了生命危险。但电气短路烧毁了电容柜上不少电气元件，造成该柜连接系统单体停车长达3.5h，给生产造成了较大损失。

2．事故原因

（1）鄢某严重违反《电气安全检修规程》中“不准带电检修作业”的规定，心存侥幸，冒险蛮干，在该电容柜完全可以断电检修的情况下，却带电检修作业，是发生事故的主要原因。

（2）鄢某习惯性违章作业。在拔插式保险时，本来可以用岗位上配备的专用工具——保险起拔器，可是他自以为经验十足，懒得去拿，却用手钳直接带电拔保险，而导致电容柜短路并产生电弧致自己灼伤和系统停车，是发生事故的直接原因。

（3）鄢某在检修前，未编制设备检修方案，未填写检修任务书，未办理设备检修许可证，更没有与岗位操作人员取得联系，趁操作人员中午买饭的时候，想偷偷地把保险换掉，使自己的违章行为神不知鬼不觉。习惯性违章是发生事故的一个重要原因。

（4）岗位当班操作工海某严重失职失责。本来已发现鄢某在岗位上转来转去不愿离去，已意识到他可能有什么事情要做，但不闻、不问、不沟通、不追查、不提醒，结果他去买饭的短短几分钟，却给鄢某违章行为造成可趁之机。

（5）电位车间安全管理不到位，不严格，有死角。规章制度制定的不少，但落实的不够，违章行为没有真正得到有效消除。电位车间安全教育不到位，流于形式，没有深入到员工特别是违章者的思想上。

案例3 违章操作 触电死亡

1．事故概述

2001年5月25日山西某橡胶厂在生产操作过程中，1名员工因为违章操作而触电死亡。

5月25日凌晨，该企业1号胎面线在生产6.50-16胎面时，机头工刘某未及时将胎面头搭上通往三层水槽的过辊，当他登上架子准备往过辊上放胎面头时，胎面头已经超过位置约 450cm。这时按照工艺规定，应该立即停车，将多余部分割掉后重新启动机器，但是他却在未停车情况下，割断了多余的胎面头，结果这段割断的胎面头在爬坡皮带转变下行处挤入上 8 号挤出机传送带之间的夹缝中，挤压转动成直径为 25cm、宽为 50cm、重约 20kg 的胶卷。胶卷在从夹缝弹性挤落过程中碰碎了安装在千层片斜上方、爬坡皮带下方的照明汞灯（220V、250W），掉落到两个千层片之间。2 时 15 分左右，刘某发现用于照明的汞灯破碎，关停了胎面联动线，踩在接取皮带上用手去拿这卷胎面。在拿取过程中，右颈肩部碰及已被撞碎汞灯的限流灯丝，发生触电，从接取皮带上摔落在地。同班组人员立即对其进行抢救并送住医院，经抢救无效死亡。经法医鉴定，为右颈肩部、左肘内侧电流击伤死亡。

2．事故原因

（1）操作工在处理挤压在两千层片之间的胎面胶卷过程中，右颈肩部碰及已被撞碎汞灯的限流灯丝，发生触电，是造成这起事故发生的直接原因。

（2）操作工在工作中违反《胎面压出（单、双层主副手）岗位工艺操作应会标准》和安全用电“十不准”有关要求，没有及时停车处理割断留在爬坡皮带上的胎面，致使这段胎面胶夹在设备中滚动成卷掉落砸碎照明灯，同时又未及时通知电工进行更换处理，是造成这起事故发生的主要原因。

（3）现场安全管理存在漏洞，对员工安全教育不够，是造成这起事故发生的管理原因。

（4）作业环境不良，现场电器设备安装不合理。

案例 4　有电当没电　险丢命一条

1．事故概述

2001 年 5 月 24 日 9 时 50 分，辽宁省某石化厂总变电所所长刘某，在高压配电间看到 2 号进线主受柜里面有灰尘，于是就到值班室拿来了笤帚（用高粱穗做的），他右手拿着笤帚，刚一打扫，当笤帚接近少油断路器下部时就发生了触电，不由自主地使右肩胛外侧靠在柜子上，造成 10kV 高压电触电事故。经现场的检修人员紧急抢救苏醒后，送住市区医院。经医生观察诊断，右手腕内侧和手背、右肩胛外侧（电流放电点）三度烧伤，烧伤面积为 3%。

2．事故原因

（1）刘某违章操作是造成这次触电事故的直接原因。刘某对高压设备检修的规章制度是清楚的，他本应当带头遵守这些规章制度，遵守电器安全作业的有关规定，但是，刘某在没有办理任何作业票证和采取安全技术措施的情况下，擅自进入高压间打扫高压设备卫生，这是严重的违章操作。

（2）刘某对业务不熟是造成这次事故的主要原因。由于他没有认真钻研变电所技术业务，对本应熟练掌握的配电线路没有全面了解和掌握，反而被表面现象所迷惑，因此，把本来有电的 2 号进线主受柜少油断路器下部误认为没有电，因而无所顾忌地去打扫灰尘。

（3）缺乏安全意识和自我保护意识也是发生此次事故的一个原因。按规定，去高压设备搞卫生也要办理相关的票证，采取了安全措施后才可以施工检修。他却不去设想自己的行为将带来什么样的后果，没有把自身的行为和安全联系起来考虑。

案例 5　未按要求单独设置开关　引发特大火灾事故

1．事故概述

2001 年 1 月 16 日 8 时 50 分，正在输液器车间作业的职工李××发现车间中部西侧 3 个干燥箱中有一个冒烟，该职工立即报告了班长张××（按规定干燥箱只有班长有权操作），张××拉开干燥箱门，发现里面已着火，又立即把门关闭，但随即门被火顶开。大火迅速蔓延，引燃了车间墙体保温材料聚苯乙烯、生产原料聚氯乙烯和半成品等。火灾造成直接经济损失 700 万元，没有人员伤亡。

2．事故原因

这是一起因电气设备安装缺陷导致的特大火灾事故。事故的直接原因是输液器车间维修工序内设置的电热鼓风干燥箱配电线路相间短路，电热丝电流急剧增大，干燥箱温度迅速升高，导致塑料针头护套燃烧。

事故的主要原因是该车间电工在装设干燥箱配电盘时，没有按照使用说明书的要求单独装设干燥箱专用的闸门开关，将 3 个干燥箱安装一个共用闸刀开关，当其中一个干燥箱电流急剧增大时，未能形成有效保护。

案例 6　违章启动按钮　导致一人死亡事故

1．事故概述

某中药厂电工徐某违反《维修安全操作规章》，擅自按下启动按钮，导致一人重伤死亡。

1979 年 7 月 22 日上午 6 时，徐某同刘某在去接班的路上，遇下晚班的电工黄某、齐某，得知二车间发酵楼 303 搅拌罐控制失灵，需要检修。于是，徐、刘、黄、齐 4 人一同上楼捡查，但未找到故障点。此时夜班锅炉电工刘××正好路过，4 人让刘××帮忙。经刘××检查，初步判定是中间继电器损坏，需要调换，查明原因后，上晚班的黄某、齐某、刘××当即下班。徐某、刘某感到自己难以修理，便去找下班休息的班长熊某。7 点 10 分，当徐某、齐某找熊某时，二车间当班操作工刘某来到车间，按正常工作程序对 303 罐进行检修，同时让发酵工郑某卸下 303 罐的保险。郑某卸下保险，放在 303 罐配电盘前的地上，因事离开。7 点 40 分，徐某和刘某找到熊某，3 人一起来到配电盘前，见地上放着一对保险，未引起注意。熊某认为这是开始检修时徐某、刘某摘下的，即按顺序旋好，然后用电笔测试电路。刘某发现有电，即喊："有电。"徐某立即说："有电就好，试吧。"熊某未作出任何表示，徐某以为熊某已同意，立即按下"启动"按钮，搅拌机起动旋转，将在消毒的刘某打成重伤，经抢救无效死亡。

2．事故原因

徐某身为电工，却不顾安全，违反"在设备维修改进后，须向运行人员交底并与运行人员共同启动试运"的规定，擅自按下"启动"按钮，导致刘某重伤死亡，是事故发生的决定性原因。

案例 7　违反操作规定　盲目拉闸出乱

1．事故概述

1995 年的一天上午，某厂空气压缩机值班员何某接到分厂调度员指令："启动 4 号机组，停运 1 号机组或 5 号机组中的一组。"何某到电气值班室，与电气值班员王某（副班长）及吴某商定：启动 4 号机组后，停运 1 号机组或 5 号机组中的一组。王某随何某去现场操作，吴某留守监盘。

当日 9 时，4 号机组被启动，然后 5 号机组停运；配电室发出油开关跳闸的声响。吴某判断 5 号机组已经停运，就独自去高压配电室打算拉开 5 号机组油开关上方的隔离刀闸，但是，她错误地拉开了正在运行的 1 号机组的隔离闸刀，结果隔离刀闸处弧光短路，使一条生产线路全线停电。

2．事故原因

（1）违反操作规定。电气值班室的吴某在无人批准的情况下，擅自离开监盘岗位，违反"一人操作、一人监护"的规定；独自一人去高压配电室操作，没有看清楚动力柜编号和现场批示信号，也没有按照规程进行检查。

（2）管理不严。问题集中表现在吴某身上，反映出管理方面存在着较大欠缺。"停运 1 号机组或 5 号机组中的一组"，这个决定其实并没有明确交代吴某的工作职责，在现场操作完成后，又没有及时通知吴某，负有领导责任。这起事故实际上是平时管理不严，劳动纪律松弛，职工没有形成良好习惯的必然结果。

案例 8　违反工作票制度　外包工误登带电设备触电死亡

1．事故概述

1992 年 8 月 7 日，阜桥油漆厂承包济宁电业局 35kV 西效变电站设备刷漆工作。西效变电站 35kV 旁路开关停电，工作任务为 253 旁路开关、电流互感器、253 刀闸（旁路刀闸）刷漆。

5 点 40 分，工作负责人李某与工作许可人谢××在未完成工作票要求的安全措施情况下，办理了工作许可手续。李某向已到现场的油漆工（共 5 人）交待了安全注意事项和带电的部位，在交待安全事项时，高××因迟到未到现场。

李某交待完工作后，不认真履行其监护职责，擅自脱离岗位，带来两名油漆工到 35kV 南阳湖线 257-4 刀闸和南效线 258-4 刀闸处违章、无票指挥刷该两组刀闸的相色漆和支架灰漆（257-4 和 258-4 刀闸一侧带电）。

高××到现场后，李某违反工作票制度，允许不是工作班成员的高××进入生产现场，且没有单独向高××交待注意事项和带电部位，就安排他刷 253-4 刀闸，并告诉高××该刀闸可以在上面先刷相色漆，再刷下面的灰漆。

6 点 17 分，高××在刷完 253-4 刀闸相色漆后，在李某不在现场监护的情况下，未按李某布置刷灰漆，而误登 253-1 刀闸（253-1 刀闸母线侧带电）造成触电，当即死亡。

2．事故原因

（1）工作负责人李某，违反工作票制度、工作许可制度和工作监护制度。①未向高××交待安全注意事项和带电部位；②在未完成工作票的安全措施（在带电设备与停电设备间装设遮拦）的情况下办理工作许可手续；③未履行监护人职责，对工作人员进行不间断监护；擅自扩大工作范围且在安全距离不够的情况下冒险指挥作业。李某应付这次事故的主要责任。

（2）工作许可人谢××和值班员高××违反工作许可制度，未按工作票要求的安全措施在带电设备与停电设备间装设遮拦便办理工作许可手续，也没有在工作票上填写带电部位。谢××应付事故的直接责任。

（3）阜桥油漆厂油漆工高××（死者），未按工人负责人的布置进行工作，擅自转移工作地点，超越线地以外工作，应负这次事故的直接责任。

（4）这次事故违章的现象还有：李某和 6 名油漆工均未戴安全帽；值班人员没有核对工作票所列人员，许可了不是工作班成员的高××进入变电站。

第三篇　防火防爆和危险品安全知识

安全知识

安全是企业发展的血液，安全是家庭幸福的保障。
快刀不磨会生锈，安全不抓出纰漏。
知识是隐患的克星，技能是安全的基石。

1．什么叫燃烧？

燃烧是指可燃物与助燃物（氧或氧化剂）之间发生的一种发光、放热的剧烈的化学反应。物质在燃烧时发生剧烈的氧化反应，当放热集中时温度升高，因此会发光，发光是燃烧的特点。可燃物在空气或氧气里要达到燃点方能燃烧。

气态物质燃烧发光形成火焰，如氢气、乙炔的燃烧。

液态物质燃烧时首先汽化为气态，燃烧时有火焰，如汽油、酒精的燃烧。

固态物质燃烧时，有的先熔化再汽化，也是气态燃烧，有火焰，如硫、蜡烛的燃烧；有的则是固体直接升华成为气态再燃烧，这样的燃烧也有火焰，如红磷的燃烧；有的固体难以变成气态，而是直接燃烧，只有火星，没有火焰，如铁丝的燃烧。

2．燃烧的条件是什么？

要发生燃烧必须同时具备以下 3 个基本条件。

（1）要有可燃物质。无论是固体、液体还是气体，凡是能与空气中的氧和其他氧化剂引起燃烧反应的物质都是可燃物质。

可燃物质一般可分为 6 大类：爆炸性物质、自燃性物质、可燃性气体、可燃性液体、可燃性固体和氧化剂，如木材、纸张、汽油、酒精、煤气、液化石油气等。这些物质中的碳、氢、硫等元素在高温下能与氧发生化合反应，形成燃烧。

（2）要有助燃物。凡是能帮助和支持燃烧的物质都是助燃物，如空气、氧气、氯气、硝酸钾、氯酸钾、高锰酸钾、过氧化钠等。可燃物质完全燃烧，必须要有充足的空气，当空气不足时，燃烧会逐渐减弱，甚至熄灭。空气中的含氧量低于14%～18%（体积百分数）时，可燃物质就不会燃烧。

（3）要有着火源。凡是具有一定的温度和热量，能引起可燃物质燃烧的能源都是着火源，如明火、电火花、高温物体、摩擦与撞击等。各种物质燃烧所需要的温度不同，如在室温20℃下，用火柴去点汽油和煤油时，汽油会立刻燃烧起来，而煤油却不会点燃。

以上3个条件必须同时具备，燃烧才能发生，缺少其中任何一个条件，就不能发生燃烧。

3．着火源有哪些？

为了预防火灾和爆炸，重要的是对危险物质和点火源进行严格管理。在生产中，引起火灾爆炸的着火源有以下几种。

（1）明火。明火是一种比较强的热源，温度在700℃～2 000℃，可以点燃任何可燃物质，如火炉、火柴、烟筒或烟道喷出火星、气焊和电焊、汽车和拖拉机的排气管喷火等。

（2）高热物及高温表面。指本身受高温作用，由于蓄热而具有较高温度的物体，如加热装置、炽热的铁块、发红的金属设备、高温物料的输送管、冶炼厂或铸厂里熔化的金属、烟囱、烟道等。

（3）电火花。由放电发出的火花、电气设备在运行中产生的火花、静电放电火花及闪光玩具产生的火花。如高电压的火花放电、短路和开闭电闸时的弧光放电、接点上微弱火花等。静电火花如液体流动引起的带电、喷出气体的带电、人体的带电等。

（4）摩擦与撞击。如机器上轴承转动的摩擦；金属零件和铁钉落入设备内，铁器和机件撞击；磨床和砂轮的摩擦；铁器工具相撞；铁器与混凝土相碰等。摩擦与撞击产生火星，是一种由机械能转化为热能的现象，火星的温度可达1 200℃，能引燃可燃气体、气态物质，也能引燃可燃固体（如棉花、布匹等）。

（5）自行发热。这是一种不易被人察觉的着火源。它是由于物体内部不能及时散热，使温度不断升高而导致的燃烧，如油纸、油布、煤的堆积、活泼金属钠接触水等。

（6）绝热压缩。如硝化甘油液滴中含有气泡时，被落锤冲击受到绝热压缩，瞬时升温，可使硝化甘油液滴被加热至着火点而爆炸。

（7）化学反应热及光线、射线等。

4．一般可燃物的燃烧产物是什么？

燃烧产物的成分是由可燃物的组成及燃烧条件决定的。

无机可燃物多数是单质，其燃烧产物主要是它的氧化物，如氧化钠、氧化钙、二氧化碳、二氧化硫等。

有机可燃物的主要组成元素为碳、氢、氧、硫、磷、氮，其中碳、氢、硫、磷在完全燃烧时反应生成二氧化碳、水、二氧化硫和五氧化二磷。氧在燃烧过程中作为氧化剂消耗掉了。氮在一般情况下不参与燃烧而呈现游离状态析出。当发生不完全燃烧时，除上述完全燃烧产物外，还会生成一氧化碳、酮类、醛类、醇类、酚类、醚类等。

例如木柴，在完全燃烧时产生二氧化碳、水蒸气和灰分（不燃组分）。而在不完全燃烧时，除上述产物外还有一氧化碳、甲醇、丙酮、醋酸以及其他干馏产物。

5．燃烧产物对人体有何影响？

首先，在燃烧现场，人有可能因缺氧而窒息。这一方面是因为可燃物燃烧时消耗了空气中的氧气，另一方面是因为大量燃烧产物的生成导致了空气中氧气浓度的下降。

另外，很多燃烧产物会使人中毒或对人体产生不良影响。

（1）二氧化碳。CO_2的含量为7%～10%，数分钟内人就会失去知觉，以致死亡。

（2）一氧化碳。无色、无味、剧毒可燃气体，含量为0.5%，经过20～30min有死亡危险。

（3）二氧化硫。无色、有刺激性气味、有毒，含量≥1.46mg/L短时间内有生命危险。

（4）氮的氧化物。在特定条件下氮与氧反应生成一氧化氮和二氧化氮。氮氧化物的含量≥0.48mg/L短时间内刺激气管，咳嗽，继续作用对生命有危险。

6．常见可燃物质的燃烧温度是多少？

可燃物质燃烧所产生的热量在火焰燃烧区域内析出，因而火焰温度即为燃烧温度。常见可燃物质的燃烧温度如表3-1所示。

表3-1　　常见可燃物质的燃烧温度

可燃物质	燃烧温度℃	可燃物质	燃烧温度℃
甲烷	1 800	木材	1 000～1 177
乙烷	1 895	镁	3 000
乙炔	2 127	钠	1 400
甲醇	1 100	石蜡	1 427
乙醇	1 180	一氧化碳	1 680
丙酮	1 000	硫	1 820
乙醚	2 861	二硫化碳	2 195
原油	1 100	液化气	2 110
汽油	1 200	天燃气	2 020
煤油	700～1 030	石燃气	2 120
重油	1 000	火柴火焰	750～850
烟煤	1 647	燃着的卷烟	100～800
氢气	2 130	橡胶	1 600
煤气	1 600～1 850		

7. 危险物品可分为哪几类？

按燃烧性，凡有火灾或爆炸危险的物品统称为危险物品。危险物品可分为以下几类。

（1）爆炸物品。凡是受到高热、摩擦、冲击等外力作用或受其他因素激发，能在很短时间内发生化学反应，放出大量气体和热量，同时伴有巨大声响而爆炸的物品，如雷管、炸药、鞭炮药等。

（2）易燃和可燃液体。这类物质极易挥发和燃烧，如汽油、煤油、溶剂油等。

（3）易燃和助燃气体。这类物质受热、受冲击或遇火花能燃烧或发生爆炸，或有助燃能力，能扩大火灾，如氢、氯、煤气、乙炔等。

（4）自燃物品。不需要上界火源的作用，由于本身受空气氧化而放出热量，或受外界影响而积热不散，达到自燃点而引起自行燃烧的物质，如黄磷、油布、油纸等。

（5）遇水着火物品。这类物质能与水发生剧烈反应，放出可燃性气体，可引起燃烧和爆炸，如钠、氢化钠、碳化钙、镁铝粉等。

（6）易燃固体。这类物质燃点较低，遇明火，受热、撞击或与氧化剂接触能引起急剧燃烧，如红磷、硫磺、闪光粉、生松香等。

8. 遇水着火物质有哪些？

遇水着火物质与水接触时能起剧烈化学反应，并产生可燃气体和大量热量，热量又使可燃气体温度猛升并达到自燃点，从而引起气体燃烧或爆炸。属于这类物质的有如下 4 种。

（1）碱金属和碱土金属：如锂、钠、钾、锶、镁、铯等，它们与水反应生成大量的氢气，遇火源就会燃烧爆炸。

（2）氢化物：如氢化钠与水接触能放出氢气并产生热量，能使氢气自燃。

（3）碳化物：如碳化钙、碳化钾、碳化钠等，碳化钙（电石）与水接触能生成乙炔，这种气体能燃烧或爆炸。

（4）磷化物：如磷化钙、磷化锌等，它们与水作用生成磷化氢，而这种气体在空气中能发生自燃。

9. 什么叫闪点？

闪点是指可燃液体挥发出的蒸汽与空气形成混合物，遇火源能发生闪燃的最低温度。闪燃通常发出蓝色火花，且一闪即灭。闪燃是火灾的先兆，闪点越低，危险性越大。

10. 什么叫燃点？

燃点是指维持可燃物质连续燃烧所需的最低温度。燃点也叫做着火点。当可燃物被加热到燃点后，可燃物即被点燃，这时所放出的燃烧热能使该物质挥发出足够的可燃蒸汽来维持连续燃烧。物质的燃点越低，则越容易燃烧。

11．什么叫自燃点？

自燃点是指可燃物受热发生自燃的最低温度。达到这一温度，可燃物与空气接触，不需要明火的作用就能自行燃烧。物质的自燃点越低，发生起火的危险性就越大。物质的自燃点除与物质本身的可燃性有关外，还与其所处的环境条件有关，如压力条件、温度条件、散热条件等。在一般情况下，能引起本身自燃的物质常见的有植物产品、油脂类、煤、硫化铁及其他化学物质，磷、磷化氢是自燃点很低的物质。

12．易燃和可燃液体是如何分类的？

根据闪点，将能燃烧的液体分为易燃液体和可燃液体两类物质。易燃液体一般闪点低于45℃，可燃液体一般闪点都高于50℃。

第一级：闪点在28℃以下，如汽油、酒精等。

第二级：闪点在28℃～45℃，如丁醇、煤油等。

第三级：闪点在46℃～120℃，如苯酚、柴油等。

第四级：闪点在121℃以上，如润滑油、桐油等。

属于第一、第二级的液体称为易燃液体；属于第三、第四级的液体称为可燃液体。

13．易燃和助燃气体有何特性？

按火灾危险性，可把气体分为3类：易燃气体、助燃气体和不燃气体。

（1）易燃气体，一级易燃气体如氢气、甲烷、乙烯、乙炔、环氧乙烷、氯乙烯、硫化氢、水煤气和天然气，其爆炸浓度下限都低于10%；二级易燃气体如氨气、一氧化碳、煤气、天然气等，其爆炸浓度下限都高于10%；在实际生产、储存和使用中，将一级易燃气体归为甲类火灾危险品，将二级易燃气体归为乙类火灾危险品。

（2）助燃气体，如氧、氧化亚氮等。

（3）不燃气体，如二氧化碳、氮气等。

为了防火防爆，应掌握易燃和助燃气体的特性。

（1）化学活泼性。易燃和助燃气体的化学性质活泼，在普通状态下可与很多物质起反应或发生燃烧爆炸。化学活泼性越强，氧化能力越强的气体，其火灾危害性越大，如乙炔、乙烯与氯气混合遇日光能爆炸；液态氧与有机物接触能发生爆炸；压缩氧与油脂接触能发生自燃。

（2）可燃性。易燃气体遇火能燃烧，与空气混合达一定浓度会发生爆炸。爆炸下限低，爆炸浓度范围宽的气体，其发生火灾和爆炸的危险性更大。

（3）扩散性。比空气轻的易燃气体逸散在空气中，可以很快扩散，并顺风飘移，造成火焰蔓延。比空气重的易燃气体泄漏出来，往往流于地表、沟渠和厂房死角中，长时间聚集不散，一旦遇点火源就可能发生燃烧爆炸。

（4）压缩性。易燃和助燃气体受压可减少体积，甚至被压缩变成液态。盛装这种气体的容器内，总保持较大的压力，如遇气体很快膨胀，如液化石油气的低分子化合物、丁烯等受热膨胀率比水要大10～16倍。如果容器充装过满，即使温度升高不大，也能膨胀产生很大的压力，造成容器变形或破裂。

（5）腐蚀性。有的气体对设备材料有腐蚀作用，如不注意会损坏设备，严重的可导致火灾、爆炸事故，如氯气、硫化氢都有腐蚀性。所以对受压容器要定期检查。

（6）毒害性。有些气体如硫化氢、氯气、氟气有毒性。在扑救这类火灾时，要注意防毒。

14．什么是可燃粉尘？

凡是颗粒很细并遇火源能发生燃烧和爆炸的固体物质，称为可燃粉尘，如铝粉、铁粉、镁粉、煤尘、小麦面粉、玉米面粉、甜菜糖粉等。

在生产过程中，有时会产生颗粒细小的粉末，如煤粉、面粉。有些工厂在加工谷物、烟、麻、糖和金属的过程中，由于粉碎、研磨、过筛等操作时会产生粉尘，这些粉尘在一定浓度下遇到热能源，将可能引起燃烧或爆炸。

一些可燃性粉尘的爆炸特性如表3-2所示。

表3-2　可燃粉尘的爆炸特性

粉尘名称	铝粉	镁粉	煤尘	醋酸纤维	聚乙烯塑料	小麦面粉	甜菜糖粉
自燃点（℃）	645	520	610	320	450	380	525
爆炸下限（g/m^3）	35	20	35	25	25	10	15

15．可燃物发生自燃和哪些因素有关？

导致可燃物自燃的两个条件，一是可燃物因某种原因放热，二是热量不易散失得以积聚。影响放热速率的主要因素有以下3点。

（1）发热量：发热量大，则可能积聚的热量也大。

（2）温度：一般来说，可燃物温度越高，导致放热的物理、化学或生物作用越强烈，所放热量也越多。

（3）水分：可燃物中水分的存在，会对某些放热反应起催化作用，加速了这些反应，如水对干性油脂的氧化、堆积植物的发酵等都有催化作用。

热量积聚主要与下列因素有关。

（1）可燃物的导热率：可燃物导热率越小，所放热量越不容易散失。

（2）堆积状态：薄片状、粉末状可燃料堆积紧密，热量不容易导出而散失。

（3）空气的流通：空气流通有利于散热，在通风的场所储存的物品很少发生自燃。

人们可根据以上分析，采取防范措施，预防自燃的发生。

16．发生火灾或爆炸的主要原因是什么？

发生火灾或爆炸的主要原因有以下9个方面。

（1）用火管理不当，让明火引燃可燃物，造成火灾。

（2）易燃易爆物品管理不善，库房不符合防火标准，没有根据物质的性质分类储存。

（3）电气设备绝缘不良，安装不符合规程要求，发生短路，设备超负荷运行，接触电阻过大等。

（4）工艺布置不合理，易燃易爆场所未采取相应的防火防爆措施，设备缺乏维护、检修或检修质量低劣。

（5）违反安全操作规程，使设备超温超压，或在易燃易爆场所违章动火、吸烟或违章使用汽油等易燃液体。

（6）通风不良，生产场所的可燃蒸汽、气体或粉尘在空气中达到爆炸浓度并遇火源。

（7）避雷设备装置不当，缺乏检修或没有避雷装置，发生雷击引起失火。

（8）易燃易爆生产场所的设备、管线没有采取消除静电措施，发生放电火花。

（9）棉纱、油布、沾油铁屑等放置不当，在一定条件下自燃起火。

17．火灾有哪些类型？可用哪类灭火器扑救？

按照不同物质发生的火灾，火灾大体可分为4种类型。

（1）固体可燃材料的火灾，包括木材、布料、纸张、橡胶及塑料等，可用泡沫灭火器扑救。

（2）易燃液体、易燃气体和油脂类火灾，可用泡沫灭火器、干粉灭火器和二氧化碳灭火器、卤代烷（1211）灭火器扑救。

（3）带电电器设备火灾，可用泡沫灭火器（切断电源后）、干粉灭火器和二氧化碳灭火器、卤代烷（1211）灭火器扑救。

（4）部分可燃金属，如镁、钠、钾及其合金等火灾，可用干粉灭火器扑救。

18．生产活动中人为造成火灾的因素有哪些？

（1）电焊、气焊：在进行电焊、气焊及切割时，常常由于迸出的大量火星和溶渣引燃周围的可燃物而起火。由于焊机老化、绝缘老化造成短路引起火灾也时有发生。

（2）机器摩擦：机器在运行过程中，由于没有按时加入润滑油，或者没有及时清除附着在机器上的杂质废物，机器发热常常引起附着物燃烧或冒出的火星引燃附着物。在粮、油、棉等加工过程中，也常常因混入铁钉、石块等摩擦、撞击引起火花造成火灾。

（3）设备不良：由于设备不良、陈旧老化或者有损坏而“带病”工作也常常会引起火灾。另外，电气设备在长期使用中，导线之间，导线与开关、保险装置、仪表等其他电力工具的衔接处连接不牢，常常导致接触电阻过大而引起火灾。

（4）静电放电：在许多场合中，因摩擦、撞击产生的静电而引起的火灾事故也屡见不鲜，如易燃、可燃液体在塑料管中流动时，由于摩擦产生静电火花，引燃易燃和可燃物体燃烧爆炸。再如，有易燃、易爆气体存在的场合，如有穿化纤衣服的人员活动，在活动中产生静电也极易引起火灾。

（5）违章蛮干：在易燃、易爆的场合违章割焊、动火；用汽油擦洗机器仪表等，甚至边擦洗边吸烟；车间安装电器、灯具不按规定选择安全类型；仓库里堆放物品不按规定堆放；在配电线路上乱拉临时电线，形成线路超负荷造成短路引起火灾。

19. 灭火的基本方法有哪些？

根据物质燃烧的原理，要灭火就要阻止"可燃物质、助燃物质和着火源"三要素同时存在、互相结合、相互作用。灭火的基本方法有以下几种。

（1）隔离法：这是一种消除可燃物的方法。当发生火情时，迅速将火源附近的可燃物隔离或移开，或者用灭火器材把火源周围的可燃物作防护处理，使火源燃烧因缺少可燃物而终止，达到灭火的目的。实际运用时，如将靠近火源的可燃、易燃、助燃的物品搬走；把着火的物质移到安全的地方；关闭电源，关闭可燃气体、液体管道阀门，减少可燃物质进入燃烧区域；拆除与燃烧着火物毗邻的易燃建筑物等。

（2）窒息法：阻止空气注入燃烧区或用不燃烧的物质冲淡空气，使燃烧物得不到足够的氧气而熄灭。实际运用时，如用石棉毯、湿麻袋、湿棉被、湿毛巾、黄沙、泡沫等不燃或难燃物质覆盖在燃烧物上，用不燃烧的气体（水蒸气或二氧化碳）喷洒在燃烧物表面，或者封闭起火的建筑和设备门窗、孔洞。

（3）冷却法：用水或其他灭火剂直接喷射到燃烧物上，将燃烧物的温度降低到燃点以下，迫使物质燃烧停止；将水和灭火剂喷洒在火源附近的可燃物上，使其温度降低，避免火情扩大。

（4）抑制法：有些火灾不能用水扑救，如碱金属（钠、钾等）、碳化碱金属（碳化钾、碳化钠、碳化铝、碳化钙等）、氢化碱金属（氢化钾、氢化镁等）；铁水、钢水；硫酸、硝酸、盐酸；高压电器装置；不溶于水的易燃液体。这种方法是用含氟、氯、溴的化学灭火剂喷向火焰，让灭火剂参与到燃烧物中去，使燃烧物得不到足够的氧气而熄灭，达到灭火的目的。

20. 如何使用手提式泡沫灭火器灭火？

灭火器是扑灭初起火灾的有效器具，常用的灭火器主要有干粉灭火器和二氧化碳灭火器。正确掌握灭火器的使用方法，就能准确、快速地处置初起火灾。

泡沫灭火器适宜扑灭油类及一般物质的初起火灾。使用时，用手握住灭火器的提环，平稳、快捷地提往火场，不要横扛、横拿。灭火时，一手握住提环，另一手握住筒身的底边，将灭火器颠倒过来，喷嘴对准火源，用力摇晃几下，即可灭火。

注意：不要将灭火器的盖与底对着人体，防止盖、底弹出伤人；不要与水同时喷射在一起，以免影响灭火效果；扑灭电器火灾时，尽量先切断电源，防止人员触电。

21．如何用手提式二氧化碳灭火器灭火？

二氧化碳灭火器适用于 A、B、C 类火灾，不适用于金属火灾。A 类火灾指固体物质火灾，如木材、布料、纸张、橡胶、塑料等燃烧形成的火灾。B 类火灾指液体火灾和可溶化的固体物质火灾，如可燃易燃液体和沥青、石蜡等燃烧形成的火灾。C 类火灾指气体火灾，如煤气、天然气、甲烷、氢气等燃烧形成的火灾。扑救棉麻、纺织品时，应注意防止复燃。

由于二氧化碳灭火器灭火后不留痕迹，因此适宜扑救家用电器、精密仪器、电子设备以及 600V 以下的电器初起火灾。

手提式二氧化碳灭火器有两种使用方式，即手轮式和鸭嘴式。

手轮式：一手握住喷筒把手，另一手撕掉铅封，将手轮按逆时针方向旋转，打开开关，二氧化碳气体即会喷出。

鸭嘴式：一手握住喷筒把手，另一手拔去保险销，将扶把上的鸭嘴压下，即可灭火。

注意：灭火时，人员应站在上风处；持喷筒的手应握在胶质喷管处，防止冻伤；室内使用后，应加强通风。

22．如何使用手提式干粉灭火器灭火？

ABC 干粉灭火器适用于各类初起火灾，BC 干粉灭火器不适用于固体可燃物火灾，它们都不能用于扑救轻金属火灾（如钾、钠、镁等金属燃烧形成的火灾）。手提式 ABC 干粉灭火器使用方便、价格便宜、有效期长，为一般单位和家庭所选用，它既可以扑救燃气灶及液化气钢瓶角阀等处初起火灾，也能扑救油锅起火和废纸篓等固体可燃物质的火灾。

与二氧化碳灭火器基本相同，使用时，先打开保险销，一只手握住喷管，对准火源基部，另一只手拉动拉环，即可扑灭火源，如图 3-1 所示。但应注意的是，干粉灭火器在使用之前要颠倒几次，使筒内干粉松动。使用 ABC 干粉灭火器扑救火灾时，应将喷嘴对准燃烧最猛烈处喷射，尽量使干粉均匀地喷洒在燃烧物表面，直至把火扑灭。因干粉冷却作用甚微，灭火后一定要防止复燃。

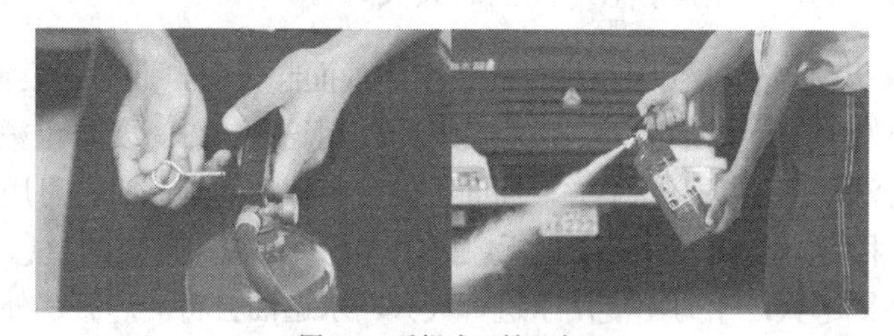

图 3-1　手提式干粉灭火器

23．如何使用手提式“1211”灭火器灭火？

“1211”灭火器适宜扑灭油类、仪器及文物档案等贵重物品的初起火灾。

使用时，应将手提灭火器的提把或肩扛灭火器带到火场。在距燃烧处5m左右，放下灭火器，先拔出保险销，一只手握住开启把，另一只手握在喷射软管前端的喷嘴处。如灭火器无喷射软管，可一只手握住开启压把，另一只手扶住灭火器底部的底圈部分，先将喷嘴对准燃烧处，用力握紧开启压把，使灭火器喷射。当被扑救可燃烧液体呈现流淌状燃烧时，使用者应对准火焰根部由近而远并左右扫射，向前快速推进，直至火焰全部扑灭。如果可燃液体在容器中燃烧，应对准火焰左右晃动扫射，当火焰被赶出容器时，喷射流跟着火焰扫射，直至把火焰全部扑灭。但应注意不能将喷流直接喷射在燃烧液面上，防止灭火剂的冲力将可燃液体冲出容器而扩大火势，造成灭火困难。如果扑救可燃性固体物质的初起火灾时，则将喷流对准燃烧最猛烈处喷射，当火焰被扑灭后，应及时采取措施，不让其复燃。“1211”灭火器使用时不能颠倒，也不能横卧，否则灭火剂不会喷出。另外，在室外使用时，应选择在上风方向喷射；在窄小的室内灭火时，灭火后操作者应迅速撤离，因“1211”灭火剂具有一定的毒性，以防对人体的伤害。

24．怎样使用灭火器应付汽车着火？

汽车着火必须迅速扑灭，否则汽油蒸汽着火，燃油箱便有爆炸的危险。灭火办法如扑灭其他火灾一样：隔绝空气和截断燃料供应。

（1）一发现烟火，立刻关上点火开关，但不要抽出钥匙来，以免锁住方向盘。

（2）如果正在行车，尽快驶到路边停下。

（3）所有人下车，并且远离着火汽车。

（4）尽可能拔掉蓄电池两极的电线，截断电流。若引擎罩内着火，打开引擎罩时提防刮起风来，使火烧得更旺。

（5）引擎罩里面着火，掀起引擎罩少许，其高度以能向里面喷射灭火剂就够了。灭火剂对准火焰基部横向扫射，又由外而内逐渐包拢，彻底扑熄火焰，提防死灰复然。

（6）如果没有灭火器，可用毯子、车厢地毯或其他厚织物灭火。

（7）如火势不可收拾，拨打“119”火警电话。

25．怎样及时扑灭厨房中意外发生的火灾？

一是蔬菜灭火法。当油锅因温度过高，引起油面起火时，此时不要慌张，可将备炒的蔬菜及时投入锅内，锅内油火随之就会熄灭。使用这种方法，要防止烫伤或油火溅出。

二是锅盖方法。当油锅火焰不大，油面上又没有油炸的食品时，可用锅盖将锅盖紧，然后熄灭炉火，稍等一会儿，火就会自行熄灭，这是一种较为理想的窒息灭火方法。但值得注意的是，油锅起火，千万不能用水进行灭火，水遇油会将油炸溅锅外，使火势蔓延。

三是干粉灭火法。平时厨房中准备一小袋干粉灭火剂，放在便于取用的地方，一旦遇到燃气或液化石油气的开关处漏气起火时，可迅速抓起一把干粉灭火剂，对准起火点用力投放，火就会随之熄灭。这时可及时关闭总开关。除气源开关外，其他部位漏气或起火，应立即关闭总开关阀，火就会自动熄灭。

26．如何避免灭火器爆炸伤人？

灭火器一般是由筒体、器头、喷嘴等部件组成，借助驱动压力将所冲装的灭火剂喷出，达到灭火的目的。灭火器的筒体一般由 1.2mm～1.5mm 的钢板焊接成，所能承受的压力有几兆帕，有的高达 20MPa。

灭火器是用来灭火的，如果保管和操作不当，也能发生爆炸，那么，如何避免灭火器爆炸伤人呢？

（1）二氧化碳、卤代烷、贮压式干粉灭火器不能存放在高温的地方，以避免其发生物理性爆炸。

（2）使用后的灭火器严禁擅自拆装，防止存在故障的灭火器在拆装的过程中发生爆炸，应送到具有维修资格的单位灌装维修。

（3）如果发生灭火器锈蚀严重或者筒体变形，以及达到报废的年限，应立即停止使用，送维修单位处理。

（4）严禁将灭火器做废铁卖出，对报废的灭火器应按压力容器的管理规定，在筒体上打孔。

（5）灭火器在搬动的过程中应轻拿轻放，以免发生碰撞变形后爆炸。

27．发生火灾如何及时报警？

一旦发生火灾，要迅速拨打火警电话“119”向消防队报警，并立即组织人员扑救。

扑救时要先救人后救物，先重点后一般，先断电后救火，并注意顺风救火，特别是野外火场。

报警要注意以下几点。

（1）要说明失火单位的详细地点，尤其要报清楚全部街巷名称，不要使用简称单位。

（2）要说清是什么物质着火和火势大小，这样便于消防队根据燃烧对象和火势大小来决定其出动的车辆和警力。

（3）要说明报警人的姓名和所用的电话，因为报警人所用的电话往往离火场较近，消防队在出动力量之前，可以用此电话向报警人询问火势发展情况，便于指挥调动。

（4）报警后，应由熟悉情况的人到离火场最近的路口迎接消防车或指引道路，提供失火位置等情况，以便迅速灭火。

28．什么是火场逃生的 4 个“本能误区”？

火场逃生，切勿“跟着感觉走”！

（1）误区一：原路脱险。这是火场最常见的逃生行为模式。因为大多数建筑物内部的平面布置、道路出口一般不为人们所熟悉，一旦发生火灾，人们习惯沿着进来的出入口和楼道逃生。当发现此路被封死时，才被迫寻找其他入口。但此时已经失去最佳逃生时间，因此，逃生时要留意建筑物内的安全通道指示标志，努力寻找最近的出入口。

（2）误区二：向光朝亮。在紧急的情况下，人们本能是向着有光、明亮的方向逃生。但在火场中，有光和亮的地方，正是火魔肆无忌惮之处。

（3）误区三：盲目追随。火灾突然降临时，人极易因惊慌失措而失去正常的思维判断能力，听到或看到有人在前面跑动，第一反应就是盲目追随其后。常见的盲目追随行为有：跳窗、跳楼，逃（避）进厕所、浴室、门角等。遇到危急情况应有主见，及时选择正确的逃生方式。

（4）误区四：自高向下，火焰向上飘。高楼大厦起火时，人们总是习惯认为：火是从下面往上着的，越高越危险，越下越安全。殊不知，这时的下层可能是一片火海。随着消防设备的现代化，发生火灾时，不妨登上房顶或在房间内采取有效的防烟、防火措施等待救援。

29. 发生火灾如何逃生？

一旦在火场上发现或意识到自己可能被烟火围困，生命安全受到威胁时，要立即放弃手中的工作，争分夺秒，设法脱险。首先要迅速做好必要的防护准备（如穿上防护服或质地较厚的衣物，用水将身上浇湿，或披上湿棉被等），然后尽快离开危险区域，切不可延误逃生良机。

安全脱险要做到“三要三不要”。

（1）要镇静分析，不要盲目行动。一旦发生火灾，首先要冷静，不要惊慌；要明确自己所在的楼层，要回忆楼梯和楼门的位置、走向，积极寻找出口，切勿乱闯乱撞；判明周围的火情，不要盲目打开门窗，可用手摸一摸房门，如果很热，千万不要开门，不然会助长火势“引火入室”；也不要盲目乱跑、跳楼，这样有可能造成不应有的伤亡。

（2）要选好逃生办法，不要惊慌失措。如必须从烟火中（火势不大）冲出楼房，要用湿毛巾、口罩、手帕、手套、领带、衣服等包住头脸，尤其是口鼻部，低姿势沿着墙壁行进，以免受呛窒息。如果烟气较浓，则应爬着出去。如果火势凶猛，可利用房屋的窗、阳台、水暖管或者用绳子（可撕开衣服或床上用品等，系成绳索）、电缆线等，系在牢固的门窗、重物上从窗口滑下。如住在二、三楼，无上述条件逃生，被迫跳楼时，要胆大心细，要向地面抛一些棉被、床垫等柔软物品以增加缓冲，然后用手扶窗台向下滑，以缩小下落高度，并保证双脚落地。在失火的楼房内，不可用电梯，因为起火后电梯往往是浓烟的通道，运行中的电梯也有发生故障突然停止的可能。

（3）要等候救援，不要盲目跳楼。如果各种逃生之路均被大火切断，且处在较高楼层以上，一时又无人救援的情况下，可以退至未燃房间，关闭门窗；还可以用棉被、毛毯、衣物等将门窗遮挡严实，防止烟雾窜入。有条件时，要不断地向门窗上泼水降温，以延缓火势蔓延，同时要大声呼救，或向窗外扔小的物品或用醒目物品求救，等待救援。晚上也要大声呼救，晃动手电筒，以便救援人员及时发现，组织救援。

30．人身上着火时怎么办？

发生火灾时，如果身上着火，千万不能奔跑。因为奔跑时会形成一股风，大量新鲜空气冲到着火人的身上，就像是给炉子扇风一样会越烧越旺。着火的人乱跑，还会把火种带到其他场所，引起新的燃烧点。

身上着火，一般总是先烧衣服、帽子，这时最重要的是先设法把衣服、帽子脱掉，如果一时来不及，可把衣服撕碎扔掉。脱去了衣、帽，身上的火也就灭了。衣服在身上烧，不仅会烧伤人，而且还会给以后的抢救治疗增加困难，特别是化纤服装，受高温融化后会与皮肉粘连，且还有一定的毒性，会使伤势恶化。

身上着火，如果来不及脱衣，可以卧到在地上打滚，把身上的火苗压灭。倘使有其他人在场，可以用湿麻袋、毯子等把身上着火的人包裹起来，就能使火熄灭，或者向着火人身上浇水，或者帮助将烧着的衣服撕下。

但是，切不可用灭火器直接向着火人身上喷射，因为多数灭火器内所装的药剂会引起烧伤者的创口产生感染。

如果身上火势较大，来不及脱衣服，旁边又没有其他人协助灭火，则可以跳入附近池塘、水池、小河等水中去，把身上的火熄灭。虽然这样做可能对后来的烧伤治疗不利，但可以减少烧伤程度和面积。

31．当来到一个陌生的场所时，为防范火灾，应注意哪些事项？

进入陌生场所，应先寻找安全门、安全梯，查看有无加锁，熟悉逃生路径。尤其是夜宿饭店、旅馆等公共场所，更应特别注意，有两个不同方向的逃生出口最为安全。

万一发生火灾，不要惊慌失措。如果火势不大，应迅速利用简易灭火器材，采取有效措施控制和扑救火灾；若火势较大，应迅速拨打火警电话“119”。

32．怎样识别消防安全标志？

消防安全标志是一种标识，它由带有一定象征性图形符号和文字，并配有一定的颜色所组成。在消防安全标志出现的地方，它警示人们应该怎样做，不应该怎样做，人们看到这些标志，马上就可以确定自己的行为。

按照主题内容与适用范围，消防安全标志分为 5 大类。

（1）火灾报警和手动控制装置的标志

① 消防手动启动器：是用以指示火灾报警系统或固定灭火系统等手动启动装置。其形状为正方形，背底为红色，符号为白色，如图 3-2 所示。

② 发声警报器：用以指示启动发声报警器的装置。其形状为正方形或长方形，背底为红色，符号为白色，如图 3-3 所示。

③ 火警电话：用以指示或显示发生火灾时，专供报警电话及电话号码。其形状为正方形或长方形，背底为红色，符号为白色，如图 3-4 所示。

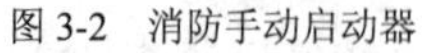

图 3-2　消防手动启动器

图 3-3　发声警报器

图 3-4　火警电话

（2）紧急疏散时的途径标志

① 紧急出口：是用以指示在有突发事件等紧急情况下，可供使用的一切出口。在远离紧急出口的地方通常与一个箭头标志连用，以指示到达出口的方向。其形状为正方形或长方形，背底为绿色，符号为白色，如图 3-5 所示。

② 方向辅助标志：包括疏散通道方向和灭火设备或报警装置方向。

- 疏散通道方向（逃生路线方向箭头）：标示到达紧急出口的方向，也可以与紧急出口标志连用，如指示左向（包括左下、左上）和下向，则放在图形标志的左方；如指示右向（右下、右上），则放在图形标志的右方。其形状为正方形或长方形，背底为绿色，符号为白色，如图 3-6 所示。
- 灭火设备或报警装置方向：标示灭火设备或报警装置的位置方向，一般与消防手动启动器、发声报警器、火警电话以及各种灭火设备的标志联用。其图形的背底为红色，符号为白色。在标志远离指示物时，须连用方向辅助标志，如图 3-7 所示。

图 3-5　紧急出口

图 3-6　疏散通道方向

图 3-7　灭火设备或报警装置方向

③ 横写文字标志：与图形和方向标志联用，以标志文字所示的意义。

④ 推开、拉开、击碎板面等标志：推开、拉开标志位于门上，用来指示门的方向。其形状为长方形或正方形，背底为蓝色，符号为白色，如图 3-8 所示。

前推开门

回拉开门

击碎板面

图 3-8　推开、拉开、击碎板面等标志

击碎板面标志可以用于指示以下内容：

- 必须击碎玻璃板才能拿到钥匙或拿到开门工具；

- 必须击碎玻璃才能报警；
- 必须击碎、打开板面才能制造出一个出口。

（3）灭火设备标志

用以表示灭火设备各自存放的位置，它告诉人们如发生火灾，可供随时取用，如图 3-9 所示。

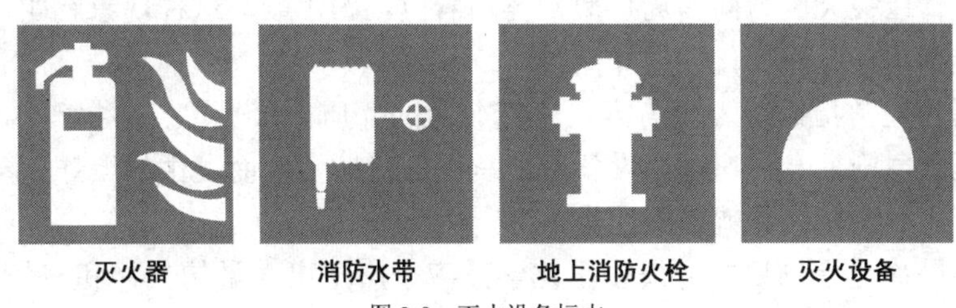

图 3-9　灭火设备标志

（4）具有火灾爆炸危险的地方或物质的标志

人们为了有效地预防易燃、易爆危险物品火灾的发生，无论是生产场所、存储单位或是运输的车船上，都设置有各种不同的消防安全标志，如图 3-10 所示。

图 3-10　具有火灾爆炸危险的地方或物质的标志

① 当心火灾、爆炸一类的标志。这类标志对人们起警示和告诫作用，如易燃物标志以警告人们有易燃物质，要当心火灾；氧化物警告标志用以警告人们有易氧化物质，要当心氧化而起火；当心爆炸警告标志用以警告人们有可燃气体、爆炸物或爆炸混合气体，要当心爆炸。这类标志为正三角形，背底为黄色，符号和三角形为黑色。

② 禁止用水灭火标志。用以表示该类物质不能用水灭火，如用水灭火会对灭火者及周围环境产生一定程度的危害或危险。

③ 禁止吸烟或禁止烟火标志。用于吸烟或明火能引起火灾或爆炸的地方。此类标志背底为白色、符号为黑色，圆圈和斜线为红色。

④ 禁带火种、存放易燃物和禁止燃放烟花爆竹等标志。这类标志的形状和颜色与禁止吸烟的标志相同。

（5）其他安全标志

还有一些安全标志，既是消防安全标志，又是预防其他突发事故的标志。这些标志大多以形象图形与文字相结合组成，形象直观，一目了然。

33．什么是爆炸？

物质由一种状态迅速变成另一种状态，并在极短的时间内以机械功的形式放出巨大的能量；或者气体在极短的时间内发生剧烈膨胀，压力迅速下降到常压的现象，都称为爆炸。如可燃性气体在有限的空间内急剧燃烧，并在瞬间放出大量的热量，同时产生气体以很大压力向四周扩散，伴随着巨大的声响，这种现象就叫做爆炸。

爆炸包括物理爆炸和化学爆炸两种。

物理爆炸通常指锅炉、压力容器或气瓶内的介质由于受热、碰撞等因素，使气体膨胀，压力急剧上升，超过了设备所能承受的机械强度而发生的爆炸。蒸汽锅炉、压缩气和液化气钢瓶爆炸就属于此类。

化学性爆炸是指物质本身发生了化学反应，产生出大量的气体和热量而形成的爆炸。这种爆炸能够直接造成火灾，具有很大的火灾危险性，如爆炸物品的爆炸，可燃气体、蒸汽和粉尘与空气混合的爆炸等。

34．爆炸性物质有哪些？

爆炸性物质是某些化合物或混合物受到高热、冲击等外力作用时，会瞬间发生剧烈化学反应，放出大量热量和气体的物质。这种物质有：

（1）起爆药，如雷管；

（2）猛性炸药，如TNT（三硝基甲苯）、硝化甘油、硝铵炸药、黑色炸药、氯酸盐类、过氯酸盐类等；

（3）烟火药，这种药剂的成分不固定，主要是氧化剂、可燃物质和显色添加剂。

35．爆炸性物质有哪些特性？

（1）敏感度。炸药在外界条件的影响下，发生爆炸反应的难易程度称为敏感度。敏感度越高，越易发生燃烧或爆炸。在保管、储运和使用时要充分了解炸药的敏感度，以防发生事故，保证安全。

（2）安定性。炸药在长期储存中，保持其物理、化学性质不变的能力称为安定性。炸药容易变质的，其安定性不好，在保存中特别要小心，如TNT受日光照射，会使敏感度增高，容易发生爆炸。

（3）殉爆性。当一个炸药包爆炸时，能引起另一个位于一定距离处的炸药包也发生爆炸，这就是殉爆性。在保管炸药时要保持一定距离，以免发生殉爆。

36．常见的工业爆炸事故有哪几类？

常见的工业爆炸事故有以下几种类型。

（1）可燃气体与空气混合引起的爆炸事故。

（2）可燃液体蒸汽与空气混合引起的爆炸事故。

（3）可燃性粉尘与空气混合引起的爆炸事故。

（4）间接形成的可燃气（或蒸汽）与空气混合引起的爆炸事故。

（5）火药、炸药及其制品引起的爆炸事故。

（6）锅炉和压力容器爆炸事故。

37. 什么叫爆炸极限？

可燃物质与空气混合达到一浓度时，在点火源的作用下会发生爆炸。这种可燃物质在空气中形成爆炸混合物的最低浓度叫做爆炸下限，最高浓度叫做爆炸上限。浓度在爆炸上限和爆炸下限之间，都能发生爆炸。这个浓度范围叫该物质的爆炸极限。可燃性气体的浓度高于爆炸极限或低于爆炸极限，爆炸均不能发生，如一氧化碳的爆炸极限为 12.5%～74.05%，则在此浓度范围内接触火源会发生威力很大的爆炸；当一氧化碳在空气中的浓度小于 12.5%时，用火去点，这种混合物不燃烧也不爆炸；浓度超过 74.5%，遇火源则不燃烧、不爆炸。表 3-3 所示为一些物质在空气中的爆炸极限。

表 3-3　　一些物质在空气中的爆炸极限

物　　质	爆炸上限/%	爆炸下限/%
一氧化碳	12.5	74.5
氢气	4.1	74.2
甲烷	4.9	15
天然气	4.0	16
煤粉	35	45

38. 爆炸极限在防火、防爆工作中有什么意义？

（1）它可以用来评定可燃气体（蒸汽、粉尘）燃爆危险性的大小，作为可燃气体分级和确定其火灾危险性类别的依据。我国目前把爆炸下限小于 10%的可燃气体划为一级可燃气体，其火灾危险性列为甲类。

（2）它可以作为设计的依据，例如确定建筑物的耐火等级，设计厂房通风系统等，都需要知道可燃气体（蒸汽、粉尘）的爆炸极限数值。

（3）它可以作为制定安全生产操作规程的依据。在生产、使用和贮存可燃气体（蒸汽、粉尘）时，根据燃爆危险性和其他物理、化学性质，采取相应的防范措施，如置换、惰性气体稀释、检测报警等。

39. 爆炸的主要破坏形式有哪几种？

爆炸的破坏形式通常有直接的爆炸作用、冲击波的破坏作用和火灾 3 种形式，后果都比较严重。

（1）直接的爆炸作用。这是爆炸对周围设备、建筑和人群的直接作用，它直接地造成机械设备、装备、容器、建筑的毁坏和人员伤亡。

（2）冲击波的破坏作用，也称爆破作用。爆炸时产生的高温高压气体产物以极高的速度膨胀，像活塞一样挤压周围空气，把爆炸反应释放出来的部分能量传给这个压缩的空气层。空气受爆炸影响而发生扰动，这种扰动在空气中传播就成为冲击波。冲击波可以在周围环境中的固体、液体、气体介质（如金属、岩石、建筑材料、水、空气）中传播。在传播过程中，可以对这些介质产生破坏作用，造成周围环境中的机械设备、建筑物的毁坏和人员伤亡。冲击波还可以在它的作用区域产生振荡作用，使物体因振荡而松散，甚至破坏。

（3）造成火灾。可燃气（或可燃粉尘）与空气的混合物爆炸一般都引起大面积火灾。盛装可燃物的容器、管道发生爆炸时，爆炸抛出的可燃物有可能引起大面积火灾。这种情况在油罐、液化气爆炸后最容易发生，正在进行的燃烧设备或高温的化工设备被炸坏，其炽热的碎片飞出，有可能点燃附近储存的燃料或其他可燃物，引起火灾。

爆炸物品爆炸后，气体产物的扩散，不足以引起一般可燃物的燃烧，但是被炸建筑物内遗留大量的热或残余火苗，会把被破坏的设备内部逸出的可燃物气体或可燃液体蒸气点燃，也可能将其他易燃物质点燃，引起火灾。

40．高压气瓶使用时应注意什么？

（1）各种高压气瓶均有特殊颜色。气瓶必须标志清楚，专瓶专用，不得擅自改装其他气种，各种附件必须完好，并应定期检查。

（2）高压气瓶必须放在阴凉、干燥，远离热源、火源及可燃物仓库的房间里，严禁暴晒。

（3）高压气瓶必须直立在稳固的铁架上，同时必须有两个橡胶防震圈。搬运前要戴上安全帽，以防摔断阀门发生事故。搬运中应防止摔撞、滚动、敲击和剧烈震动。如需水平放置，则必须垫稳，以防滚动。

（4）高压气瓶不能与强酸、强碱接触，防止水浸，防止被油脂或其他有机化合物污染。

（5）使用高压气瓶时，必须使用专用的减压器，安装螺旋要旋紧（应旋进 7 圈螺纹，俗称吃“七牙”），不得漏气。开启高压瓶时，操作者应站在气体出口的侧面，动作要慢，以防减压表突然脱落击伤人体或高压气流射伤人体。

（6）高压气瓶的气体不能完全用尽，应保留 0.5%以上的余气（即应保持 105～106Pa 的余压），以防止充气或再使用时发生危险，同时也可供充气单位检验取样。

41．企业防火防爆的基本措施有哪些？

企业内采取的防火防爆的基本措施，分为技术措施和组织管理措施两个方面。

防火防爆的技术措施如下。

（1）防止形成燃爆的介质。这可以用通风的办法来降低燃爆物质的浓度，使它达不到爆炸极限。也可以用不燃或难燃物质来代替易燃物质。例如，用水质清洗剂来代替汽油清洗零件，这样既可以防止火灾、爆炸的发生，还可以防止汽油中毒。另外，也可采用限制可燃物的使用量和存放量的措施，使其达不到燃烧、爆炸的危险限度。

（2）防止产生着火源，使火灾、爆炸不具备发生的条件。这方面应严格控制以下 8 种火源，即冲击、摩擦、明火、高温表面、自燃发热、绝热压缩、电火花和光热射线。

（3）安装防火防爆安全装置。例如，阻火器、防爆片、防爆窗、阻火闸门以及安全阀等，以防止发生火灾和爆炸。

防火防爆的组织管理措施主要有以下内容。

（1）加强对防火防爆工作的领导。各级领导干部，都要重视这项工作。

（2）开展经常性防火防爆安全教育和安全大检查，提高人们的警惕性，及时发现和整改不安全的隐患。

（3）建立健全防火防爆制度，例如防火制度、防爆制度、防火防爆责任制度等。

（4）厂区内、厂房内的一切出入和通往消防设施的通道，不得占用和堵塞。

（5）应建立义务消防组织，并配备有针对性强和足够数量的消防器材。

（6）加强值班值宿，严格进行巡回检查。

企业内生产工人应遵守以下防火防爆守则。

（1）应具有一定的防火防爆知识，并严格贯彻执行防火防爆规章制度，禁止违章作业。

（2）应在指定的安全地点吸烟，严禁在工作现场和厂区内吸烟和乱扔烟头。

（3）使用、运输、储存易燃易爆气体、液体和粉尘时，一定要严格遵守安全操作规程。

（4）在工作现场禁止随便动用明火。确需使用时，必须报请主管部门批准，并做好安全防范工作。

（5）对于使用的电气设施，如发现绝缘破损、老化、超负荷以及不符合防火防爆要求时，应停止使用，并报告领导给以解决。不得带故障运行，防止发生火灾、爆炸事故。

（6）应学会使用一般的灭火工具和器材。对于车间内配备的防火防爆工具、器材等，注意保护，不得随便挪用。

42. 什么是危险化学品？

凡具有爆炸、燃烧、毒害、腐蚀、放射性的物质，在运输、装卸、储存和保管过程中，容易造成人员伤亡、财产损失和环境污染而需特别防护的物品，均属危险化学品。

国家标准《常用危险化学品的分类及标志》将危险化学品分为 8 大类。

第 1 类　爆炸品

本类化学品指在外界作用下（如受热、受压、撞击等），能发生剧烈的化学反应，瞬时产生大量的气体和热量，使周围压力急骤上升，发生爆炸，对周围环境造成破坏的物品，也包括无整体爆炸危险，但具有燃烧、抛射及较小爆炸危险的物品。

具有整体爆炸危险的物质和物品，如高氯酸。具有燃烧危险和较小爆炸危险的物质和物品，如二亚硝基苯。

第 2 类　压缩气体和液化气体

本类化学品系指压缩、液化或加压溶解的气体。

易燃气体，如氢气、一氧化碳、甲烷等。

不燃气体（包括助燃气体），如氮气、氧气等。

有毒气体，如氯（液化的）、氨（液化的）等。

第 3 类　易燃液体

本类化学品系指易燃的液体，液体混合物或含有固体物质的液体，但不包括由于其危险特性已列入其他类别的液体。

低闪点液体，即闪点低于-18℃的液体，如乙醛、丙酮等。

中闪点液体，即闪点在-18℃～23℃的液体，如苯、甲醇等。

高闪点液体，即闪点在 23℃以上的液体，如环辛烷、氯苯、苯甲醚等。

第 4 类　易燃固体、自燃物品和遇湿易燃物品

易燃固体系指燃点低，对热、撞击、摩擦敏感，易被外部火源点燃，燃烧迅速，并可能散发出有毒烟雾或有毒气体的固体，但不包括已列入爆炸品的物品。例如，红磷、硫磺等。

自燃物品系指自燃点低，在空气中易发生氧化反应，放出热量，而自行燃烧的物品。例如，黄磷、三氯化钛等。

遇湿易燃物品系指遇水或受潮时，发生剧烈化学反应，放出大量的易燃气体和热量的物品，有的不需明火，即能燃烧或爆炸。例如，金属钠、电石等。

第 5 类　氧化剂和有机过氧化物

氧化剂系指具有强氧化性，易分解并放出氧和热量的物质，包括含有过氧基的无机物。其本身不一定可燃，但能导致可燃物的燃烧，与松软的粉末状可燃物能组成爆炸性混合物，对热、震动或摩擦较敏感。例如，氯酸铵、高锰酸钾等。

有机过氧化物系指分子组成中含有过氧基的有机物，其本身易燃易爆。极易分解，对热、震动或摩擦极为敏感。例如，过氧化苯甲酰、过氧化甲乙酮等。

第 6 类　有毒品

本类化学品系指进入机体后，累积达一定的量，能与体液和器官组织发生生物化学作用或生物物理学作用，扰乱或破坏肌体的正常生理功能，引起某些器官和系统暂时性或持久性的病理改变，甚至危及生命的物品。例如，各种氧化物、砷化物、化学农药等。

第 7 类　放射性物品

它属于危险化学品，但不属于《危险化学品安全管理条例》的管理范围，国家还另外有专门的“条例”来管理。

第 8 类　腐蚀品

本类化学品系指能灼伤人体组织并对金属等物品造成损坏的固体或液体。酸性腐蚀品，如硫酸、硝酸、盐酸等。碱性腐蚀品，如氢氧化钠、硫氢化钙等。其他腐

蚀品，如二氯乙醛、苯酚钠等。

43．化学危险品管理有什么规定？

（1）危险品的储藏室要干燥、通风、阴凉、低温（易燃的液体储存温度不超过28℃，爆炸品的储存温度不超过30℃）。

（2）储藏室内严禁烟火，要有消防设施，管理人员要有消防意识。对危险品要勤于检查储存情况，及时发现和消除事故隐患。尤其对药品储存期限要特别注意，因为有的药品在存放时要逐渐变质，甚至形成危害 （如醛类、呋喃等物质)。

（3）易燃、易爆物品应存储于铺有干燥黄沙的铁柜中，柜的顶部要有通风口，不能放在冰箱内。严禁在化验室存放体积大于20L的易燃液体。

（4）对相互接触后能产生剧烈反应、燃烧、爆炸或放出有毒有害气体的药品，必须单独存放于专门的储存柜内，不得混放。

对于大量的易爆炸药品，易燃品，相互接触能引起燃烧、爆炸等的药品不仅要分柜储存，而且要分库储存。

（5）对灭火方法不同的药品，要分柜储存。

（6）搬运或取用危险品时，应使用相应的防护用具，如防护面罩、护目镜、橡皮手套、长筒胶靴、工作服等，同时要轻拿轻放，防止撞击、震动和摩擦，确保安全。

44．实验室发生火灾或爆炸的主要原因有哪些？

（1）在实验室内抽烟并乱扔烟头，接触易燃、易爆物质。易燃、易爆物品管理不善，发生泄漏。

（2）供电线路老化、短路、超负荷运行。

（3）忘记关电源，致使通电时间过长，电器温度过高和电线发热。

（4）电器操作不慎或使用不当。

（5）易燃物品保管不当或使用不当。

（6）不遵守实验室安全管理规程，违反操作规则，试验中擅自脱岗。

45．实验室火灾预防有哪些措施？

（1）在实验前要预习实验要求，认真领会操作规程和安全注意事项。认真检查实验设备的安全性能状况，发现电线及设备存在故障，应及时报告实验室管理人员。

（2）要做好实验内压力容器的定期检验。

（3）应严格遵守实验室管理规定，不得违规使用电器、仪器仪表、压缩气体钢瓶、高压容器等设备。

（4）要严守岗位职责。操作设备时要精力集中，不要串岗或打闹，使用易燃、易爆物品时更要谨慎小心。实验结束前，不得擅自脱岗，以防发生火灾事故。

（5）要了解实验室灭火器材的种类、存放位置和使用方法，一旦实验室发生火灾时，在报警的同时，立即使用灭火器材灭火。

（6）实验结束后，要做好实验室卫生保洁，认真检查并及时关闭电源、气源、水源和门窗。

46. 实验室中毒事故的预防有哪些措施？

（1）在实验室中需要使用剧毒物品的，要严格遵守管理规定。

（2）对剧毒物品要按照“五双制”的规定进行管理：双人保管、双人双锁、双人记账、双人领取、双人使用。

（3）学生使用剧毒物品时，要戴相应的防毒用品，且要有教师带领、监督。

（4）要加强实验室通风，避免人员中毒。

（5）剧毒物品使用完后，废弃物要妥善保管，不得随意丢弃、掩埋或水冲，应上交学校统一管理。

47. 实验时应注意哪些安全事项？

（1）严格按照操作规程，按照实验教师的指导和要求进行操作。

（2）盛放强腐蚀剂的器皿安放必须牢固，防止打翻烧伤人员或引起其他事故。

（3）严禁向浓硫酸内直接加水，防止发生飞溅，烧伤人员。

（4）严禁在没有防护的情况下将实验物品移出安全储藏环境，如将钠、磷分别从煤油中取出。

（5）必须用火柴或其他安全火种点燃酒精灯，严禁以酒精灯倾斜互点，防止酒精外溢或打翻酒精灯引发火灾。

（6）对易燃、易爆物品要注意安全使用，使用时要远离火源。

（7）减少漏水、漏洒液体，防止因腐蚀导致其他事故。

（8）化学物品溅到到人眼睛时，应用专用冲洗眼睛的水及时冲洗，并采取其他急救措施。

（9）做有毒气体的实验时，一定要安装尾气处理器，以防发生事故，损害健康。

（10）做带电实验时，应确保电器处于安全状态，以防发生火灾、触电、爆炸等事故。

（11）做光学实验时，严禁用眼睛直视光源，防止灼伤眼睛。

（12）谨慎使用刀具，防止划破手指。

（13）及时清洗实验用具，防止污染环境或引发其他事故。

（14）不得将实验室的物品随意拿出室外，更不能随意去其他地方做实验，防止出现危险。

（15）如果实验出现意外，不要慌乱，一切听从老师指挥。

48. 在危险化学品生产及储存区实训、实习要注意什么？

在化工、医药生产厂区或商业企业的化学品储存区实训、实习，必须遵守有关规章制度，做到“十不准”。

（1）遵守明火管理规定，区内不准吸烟。对必须动火的作业，首先要办理动火手续，并采取可靠的安全措施。

（2）不准随意进入生产、储存区，必须有专人带领才可进入。

（3）不准睡觉、离岗和干与工作无关的事情。

（4）不准使用汽油等易燃液体擦洗设备、用具和衣物。

（5）不按规定穿戴劳动防护用品者，不准进入生产岗位。

（6）不准使用安全装置不齐全的设备。

（7）不准动用不属自己分管的设备、工具。

（8）不准检修未落实安全措施的设备。

（9）不准启用停机后未经彻底检查的设备。

（10）未取得安全作业证，不准独立作业。

49．发生化学事故后如何自我防护？

（1）呼吸防护。在确认发生毒气泄漏或遭受袭击后，应马上用湿手帕、餐巾纸、衣物等随手可及的物品捂住口鼻。最好能戴上防毒口罩、面具。

（2）皮肤防护。尽可能戴上手套，穿上雨衣、雨鞋等，或用衣物等遮住裸露的皮肤。

（3）眼睛防护。尽可能戴上各种防毒眼镜、防护镜或游泳用的护目镜等。

（4）快速撤离。判断毒源与风向，沿上风或侧上风路线，朝着远离毒源的方向迅速撤离现场，不要在低洼处滞留。

（5）及时冲洗。到达安全地点后，要及时脱去被污染的衣服，用流动的水冲洗身体，特别是曾经暴露的部分。

（6）救治。迅速拨打急救电话“120”，及早送医院救治。中毒人员在等待救援时，应保持镇静，避免剧烈运动，以免加重心肺负担致使病情恶化。

50．实训室中应做好哪些防火、防爆措施？

（1）实训室应配备足够数量的安全用具，如沙箱、灭火器、灭火毯、冲洗龙头、护目镜、急救药箱（备创可贴、碘酒、棉签、纱布等）。

（2）消防器材周围不许堆放杂物，严禁消防器材挪做他用。

（3）应熟练掌握消防器材放置的位置和使用方法，熟悉实验室内煤气阀、水阀和电开关的位置，以备必要时及时关闭。

（4）应定期检查实训室的安全工作，消除事故隐患。保持实验室、实训车间环境整洁，走道畅通，设备器材摆放整齐，未经保卫及管理部门同意，严禁占用走廊堆放杂物。

51．燃气使用时应注意哪些事项？

（1）煤气（或天然气）管、灯不能漏气，否则不能使用。

检查燃气设备是否漏气的方法，是用肥皂水涂于设备的接头可疑处，看是否有肥皂泡产生，严禁用明火检查是否漏气。

（2）点燃燃气灯时，必须按先闭风，再开燃气，然后点火，最后调节气量的顺序进行。停止使用时，也应先闭风，后关闭燃气。

（3）使用燃气灯时要防止内燃，下班前要详细检查燃气灯是否完全熄灭，以免发生意外。实训室无人在岗时，应禁止使用燃气，如发生故障需停止使用燃气时，应立即关闭分开关和总开关。

52．实验中使用酒精灯时应注意什么问题？

使用酒精灯时，不能用燃着的酒精灯去点另一盏酒精灯，也不能在燃着时加酒精，以防失火。

不使用酒精灯时，应立即盖上灯罩将火熄灭，不可用嘴吹灭。

若酒精洒出并燃烧，可用湿抹布盖灭，隔离可燃物。

53．实训中加热时应注意哪些事项？

（1）加热试管中的药品时，要用试管夹住试管，并不得把试管口对准人，以防药品飞溅伤人。

（2）蒸馏易燃液体时，严禁用明火，且蒸馏过程中不能离人，以防温度过高或冷却水突然中断。

（3）用玻璃仪器加热液体时，仪器不能密闭，必须留一个与大气相通的口，以防爆炸。

54．实训中使用电热设备时应注意哪些事项？

（1）使用烘箱或高温炉时，必须检查确认自动控温装置是否状态良好、可靠。使用过程中，还需定时测温，以免温度过高。

（2）不能把易燃、易爆的物品放入烘箱或高温炉加热。

（3）在接通电源或关掉电源时，应将闸刀开关完全合上或完全拉开，不能似合非合，似开非开，以免因接触不良而产生火花，发生安全事故。禁止将电线线头直接插入电源插座内使用。

（4）因熔断而需更换电源线的保险丝时，要查明原因，排除故障后，再按规定换上与负荷相适应的保险丝，不准用铜、铝等金属丝代替保险丝，否则将损坏仪器或引起火灾。

55．实训中出现烧伤事故后应怎样进行急救？

烧伤是由灼热的液体、固体、气体、电热、化学物质或放射线等所引起的损伤。烧伤的伤势一般按伤深度不同分为3度，烧伤的急救办法应根据各度伤势分别处理。

一度烧伤：只损伤表皮，皮肤呈红斑，微痛，微肿，无水泡，感觉过敏。例如，被化学药品烧伤，应立即用大量水冲洗，除去残留在创面上的化学物质，并用冷水浸沐伤处，可减轻疼痛，最后用 1∶1 000 新洁而灭消毒，保护创面不受感染。

二度烧伤：损伤表皮及真皮层，皮肤起水泡，疼痛，水肿明显。创面如污染严重，先用清水或生理盐水冲洗，再以 1∶1 000 新洁尔灭（化学名：十二烷基二甲基苄基溴化铵，消毒防腐类药）消毒，挑破水泡，用消毒纱布轻轻包扎好，请医生治疗。

三度烧伤：损伤皮肤全层，包括皮下组织、肌肉、骨骼，创面呈灰白色中焦黄色，无水泡，不痛，感觉消失。在送医院前，主要防止感染和休克，可用消毒纱布轻轻包扎好，给伤者保暖和供氧气，必要时注射吗啡以止痛。

烧伤面积实际比烧伤深度更重要，成人烧伤面积在 10%以下的二度烧伤都列为小面积烧伤，即使是一度烧伤也是严重的。特别是化学药品烧伤，常伴随化学中毒现象，给创口治疗和痊愈增加了困难。遇到这种事故，应及时抢救并速送医院治疗。

56．实训中若出现炸伤事故应怎样进行急救？

实训中常因剧烈反应，或做加压（减压）试验时，容器耐压不够而发生爆炸，也可能因室内空气中含可燃性气体达到爆炸范围遇火发生爆炸。爆炸时可能将人炸伤或烧伤，其急救措施基本同烧伤处理，但炸伤后伤口往往大量出血，这时应立即将伤口上部扎紧，防止流血过多。如果发生昏迷、休克等，应立即进行人工呼吸，给氧，并送医院治疗。

事故案例

安全红花开在遵纪守法的枝头上；事故恶果结在违章蛮干的藤蔓间。
没有安全，如同松弛的琴弦，无法弹奏生产之歌。
小心无过错，大意酿祸端。

案例 1　舞王俱乐部“9.20”特别重大火灾事故

1．事故概述

2008 年 9 月 20 日 22 时 49 分，位于广东省深圳市龙岗区龙岗街道龙东社区的舞王俱乐部发生火灾事故，造成 44 人死亡、64 人受伤。

据初步勘察，起火建筑为一栋四层半综合楼，该楼房一层为旧货市场，二层为茶馆，三层为该俱乐部，四层及楼顶半层为办公室及员工宿舍。

该俱乐部于2007年9月8日擅自开业，无营业执照，无文化经营许可证，未经公安消防部门验收。事发时现场人员约300余人。

2．事故原因

经公安消防部门勘察分析，初步认定，事故的直接原因为该俱乐部演职人员使用自制礼花弹手枪发射礼花弹，引燃天花板的聚胺脂泡沫所致。

事故的主要原因如下。

（1）有关单位对违法违规经营行为查处不力，监督管理工作存在漏洞。

（2）该场所的消防安全设施和消防安全管理存在严重隐患。

（3）从业人员和公众缺乏基本的安全意识和必要的自救能力，生产经营单位应急处置不力。这次特大火灾事故，伤亡人员多数是“80后”、“90后”的少男少女，几乎没有接受过任何逃生训练。而一名香港人（郑思立）却用小学学到的消防知识，在这场大火中安全逃生。火灾发生时，他当时离舞台仅10m远。大火燃烧起来以后，现场乱作一团，人群往外突围，他根本挤不出去。这时，他看到地上有一瓶啤酒，就脱下衣服，将啤酒瓶砸开，浸湿衣服后捂着脸，匍匐在地，慢慢摸索着向门口靠近，得到救援人员的帮助。

案例2　乌兰浩特文教用品厂火灾事故

1．事故概述

1960年4月10日下午1时，乌兰浩特文教用品厂发生火灾事故，烧死21人，烧伤12人，损失数万元。

乌兰浩特文教用品厂，分为电水、薄片、沾片3个车间。4月10日上午因天气寒冷，沾片车间沾片用的“环氧树脂漆”凝结，打不开刷子，经车间主任决定将油化溶化使用。车间副主任李某就用洗脸盆装环氧树脂漆放在火炉子上熔化。当放在炉子上的油盆化好，从炉子上端起时，炉子火苗上起，燃着盆边上沾的油，接着烧着了盆里的油。火苗瞬间烧着了挂在铁丝上的云母沾片，由于沾片上涂有环氧树脂漆，燃烧性很强，加之车间挂满了云母沾片油纸，起火瞬间火势已烧及整个车间，火势凶猛，致使在车间工作的21名女工被活活烧死，12名女工被不同程度烧伤。

2．事故原因

（1）环氧树脂漆是易燃物质，在使用中应有安全操作规程，并严格遵守。实际把环氧树脂漆装在瓷盆里，采用火炉子烤溶化的方法是错误的，特别是在沾片车间使用，云母片也是易燃物质，遇到火源被易引起火灾。

（2）该厂孙厂长，对待安全生产一贯采取熟视无睹的态度，不关心工人安全健康。尤其是在这次火灾事故中，表现得极为消极，竟然主张先抢救物资，不抢救人，故使人员伤亡后果更为严重。

案例 3　某市拆船厂火灾事故

1．事故概述

1986 年 10 月 11 日，某市拆船厂在拆解“埃维罗”号废船时，发生火灾，造成 11 人死亡，2 人轻伤。

11 日上午，先后有 45 人登船作业，其中有 30 人在 3 号舱的三、四层作业。就在 3 号舱内的泡沫塑料和木材等隔热材料还未剥离清除干净的情况下，二工段安排气割工沈某动火切割 2 号与 3 号舱之间的横隔舱壁。当沈某割到二层甲板下一尺左右时，切割熔渣的火种进入第三层的冷藏舱，开始起火，并迅速蔓延，沈某和一徒工用灭火器灭火，但舱内火大烟浓，无法入舱救火。舱内工人又无法辨认方向，所以只有部分工人逃出，有 11 人中毒窒息死亡。

2．事故原因

（1）易燃物品未清除就进行明火作业，使大量的泡沫塑料迅速燃烧，产生大量的一氧化碳等有毒气体，造成舱内缺氧。

（2）3 号舱与其他舱隔绝，只有垂直通往主甲板的两个爬梯，加之多数人员又集中在底层，事发后难于疏散。

（3）新工人多、素质差。这次事故死亡 11 人中，有 9 人是新入厂 8 天的农民工，他们缺乏安全知识和自我防护能力，使之在遇到危险时，不能尽快果断处理。

案例 4　几起中毒窒息死亡事故分析

1．事故概述

2005 年，济南市连续发生了几起地下管井作业场所中毒事故，造成多人死亡；

2005 年 7 月 11 日，济南市信泰德装饰有限公司的两名工人，在车站街为济南铁路会议中心清理下水道时，先后在 3m 深的污水沟里窒息死亡；

2005 年 7 月 22 日，济南市长清区某施工队职工在清理长城炼油厂的污水池时，两人在污水池内中毒窒息死亡。

2．事故原因

这几起事故的一个突出特点是，第一名工人中毒晕倒后，其他人员在没有任何防护措施的情况下盲目救援，前赴后继，造成群死群伤。

事故原因主要是用人单位没有对职工进行必要的教育培训；职工缺乏基本的安全常识；施工单位制度不健全；管理不善。

案例5 几个实验与实训事故的经验与教训

1．某学生在实验时，用电炉加热烧杯中用乙醇溶液的试样，并将试样从烧杯倒入锥形瓶，试样溅出，引起实验台着火。幸亏旁边同学及时用抹布盖灭火焰，未引进事故。

经验与教训：实验室中加热易燃液体（如乙醇、丙酮、乙酸乙酯等）时，不可用明火。不可在电炉或酒精灯旁边倾倒易燃液体，以免溅出，引起火灾。

少量液体燃烧，不要惊慌，可用湿抹布盖灭火焰。

2．某学生在实验室用启普发生器制取氢气时，为验证氢气的纯度，在氢气的引出管口处用火柴点火试验，结果造成启普发生器爆炸。

经验与教训：氢气与空气混合时的爆炸极限是7.1%～74.2%，在这么大的浓度范围内点火均会发生爆炸。该学生点火时，氢气尚未达到74.2%以上的可燃浓度，因此会发生爆炸。在实验室中使用可燃气体时，一定要熟悉其爆炸极限，并且严禁用明火直接在储气钢瓶或气体制备装置上直接试验。应该用小容器（如试管）取出少量进行试验。

3．某学生在整理实验室时，将多年不用的几瓶没有标签的化学试剂倒入下水道。结果产生强烈刺激性的气体，呛得周围的人咳嗽不止。

经验与教训：被倒入下水道的化学试剂中可能有盐酸及高锰酸钾，两者反应会产生氯气。氯气有很强的刺激性，少量吸入即会刺激人的上呼吸道，引起剧烈咳嗽。因此，对于实验室中未有标签的试剂，若不知道是哪种物质，应小心处理。可根据其颜色、密度、气味、酸碱性等，选择合适的处理方法。不可随意倒入水池或下水道，以免造成伤害事故。

4．某班学生在企业实习时，学生无意中按动了车间化工原料高位槽输送泵的启动按钮，使得高位槽中原料溢出，从楼顶流下。幸亏发现及时，才未酿成大祸。

经验与教训：学生在企业实习时，必须严格按照操作规程进行操作。化工生产车间中，进料阀、水泵、电动机械等往往在控制室中集中控制，不熟悉情况时不得随意启闭。不准动用不属自己分管的设备、工具，以免造成人身及设备安全事故。

案例6 风镐错接气源 氮气引起窒息

1．事故概述

2001年6月，湖南省某石油化工厂进行装置扩容改造。施工单位在生产装置内实施土建挖孔桩作业，作业人员使用的工具为压缩空气驱动的风镐。桩孔为一个直径 1.3m、深 11m 的井孔。施工作业第一天一切正常，第二天，井孔挖至 3m，作业前进行了氧含量、可燃物、有毒物分析（氧含量19．7%，可燃物、有毒物含量未检出），并办理了进设备作业票。作业开始，工人下井 5min 后出现胸闷、头昏的症状，当事人自认为是身体不适，出井换人作业，换人后，井下人员仍出现胸闷、头昏的症状。

2．事故原因

施工单位未经生产单位同意擅自动用气源将氮气引做动力驱动风镐是事故的直接原因。第一天施工时井孔较浅氮气浓度不高，作业人员感觉不到，第二天井孔深度增加，风镐喷出的氮气在井内聚集，使氧含量下降，作业人员出现窒息症状。

案例 7　上海船厂某轮二氧化碳中毒事故

1．事故概述

1990 年 11 月 22 日 13 时 15 分，上海船厂某号机舱发生二氧化碳外泄中毒事故，导致 7 人死亡，11 人受伤。

当天 13 时许，该厂浦西分厂船体车间装配工滕某与同组装配工带班刘某登上停泊在部码头即将完工离厂的某轮，准备继续进行尚未完成的厨房油罩移位工作。当行至甲板第五货舱附近时，滕某看到同组外包工吴某坐在桅屋的二氧化碳灭火站室内，就跟着刘某自行进入二氧化碳灭火站室。当刘在二氧化碳灭火站室向吴布置任务时，发现滕某正在推动二氧化碳控制瓶瓶头阀操纵杆，立刻叫滕某“不要乱动”。但为时已晚，气控瓶头阀已被滕某启开，随着“砰”的一声，机舱灭火系统的 128 只钢瓶中 93 只钢瓶二氧化碳气体迅速通过管系和布置在舱内的 33 只喷嘴施放到机舱各个部位。当时，机舱内工作的共有 39 人。当二氧化碳气体喷入机舱发出阵阵声响时，正在机舱作业的人员纷纷向舱内扶梯等出入口奔跑。但由于强烈的气体在瞬时形成一片白雾，给人员的疏散带来了很大困难，有 18 人未能及时跑出，昏倒在机舱里，酿成了人员重大伤亡

2．事故原因

（1）根据总厂新建船只的安全惯例，二氧化碳灭火站室的门锁钥匙由专人保管。而该厂对钥匙管理不严，随意转交，使本来不准随便进入的二氧化碳灭火站室变成了存放工具和生活用具的休息室，是诱发这次事故的主要原因一。

（2）装配工滕某安全意识差，自行进入二氧化碳灭火站室，并随意推动二氧化碳控制瓶瓶头阀操纵杆，将瓶头阀启开，是造成重大事故的直接原因。

案例8　卸酸未按规定穿戴防护用品　遇险受伤

1．事故概述

2000年夏，安徽省某铁路货运场，3名装卸工卸危险化学品硫酸。按正常程序，他们先将槽车的上出料管与输送管法兰连接好，对槽内加压。当压力达到要求后硫酸仍没流出，随后采取放气减压打开槽口大盖，进行检查，发现槽内出料管堵塞。于是3人将法兰拆开，用钢管插入出料管进行疏通。当出料管被捣通时管内喷出白色泡沫状液体，高达3m多，溅到站在槽上的3人身上和面部。由于3人均没戴防护面罩，当时3人眼前一片漆黑，眼睛疼痛难忍，经用水清洗后送往医院，检查为碱伤害。经半年多的治疗，3人视力均低于0.2不等，且泪腺受损。

2．事故原因

经调查了解，该硫酸槽之前用于盛装液碱，此次装硫酸前经过清洗。分析认为，该槽上出料管没有清洗到位，附着干枯的液碱堵塞在出料管下部，当被疏通后由于硫酸压力作用，使碱、反应盐水、酸等先后喷出。

此事故一方面原因是槽车清洗不到位，另一方面原因是卸酸工未按规定穿戴防护面罩，遇此险情，得不到防护。

第四篇　网络与安全知识

安全知识

"相信，但要验证。"（罗纳德·里根）
不怕有患，就怕无防。
只有防而不实，没有防不胜防。

1．什么是网络安全？

国际标准化组织（ISO）对计算机系统安全的定义是：为数据处理系统建立和采用的技术和管理的安全保护，保护计算机硬件、软件和数据不因偶然和恶意的原因遭到破坏、更改和泄露。由此可以将计算机网络的安全理解为：通过采用各种技术和管理措施，使网络系统正常运行，从而确保网络数据的可用性、完整性和保密性。所以，建立网络安全保护措施的目的是确保经过网络传输和交换的数据不会发生增加、修改、丢失和泄露。

网络安全包括物理安全、逻辑安全、操作系统安全、网络传输安全。网络安全主要是指网络上的信息安全。

2．计算机网络所面临的主要威胁是什么？

计算机网络所面临的主要威胁包括对网络中设备和网络中的信息的威胁。通常对个人计算机用户威胁最大的网络安全问题就是网络病毒的侵害，其次就是各类黑客程序对计算机的访问请求。对于常用电子邮件与外界联系的人来说，大量的垃圾邮件涌入信箱的后果，不仅仅占用了邮件的空间，也经常成为网络病毒传播的载体。在互联网上，一些恶意网站会在自己的网页下载内容中嵌入间谍软件程序或木马，来访者访问网站并下载共享、免费软件时，会在不知情的情况下，将间谍软件程序或木马也下载到本地，并运行在后台，记录用户的重要信息并发送出去，或者令远程黑客拥有本机的管理权限。

影响计算机网络安全的因素很多，有些因素可能是有意的，也可能是无意的；可能是人为的，也可能是非人为的；可能是外来黑客对网络系统资源的非法使用。归结起来，针对网络安全的威胁主要有以下 3 点。

（1）人为的无意失误

例如，操作员安全配置不当造成的安全漏洞，用户安全意识不强，用户口令选择不慎，用户将自己的账号随意转借他人或与别人共享等都会对网络安全带来威胁。

（2）人为的恶意攻击

这是计算机网络所面临的最大威胁，敌手的攻击和计算机犯罪就属于这一类。此类攻击又可以分为以下两种：一种是主动攻击，它以各种方式有选择地破坏信息的有效性和完整性；另一种是被动攻击，它是在不影响网络正常工作的情况下，进行截获、窃取、破译以获得重要机密信息。这两种攻击均可对计算机网络造成极大的危害，并导致机密数据的泄露。

（3）网络软件的漏洞和“后门”

网络软件存在的漏洞和缺陷恰恰是黑客进行攻击的首选目标，曾经出现过的黑客攻入网络内部的事件，这些事件的大部分就是因为安全措施不完善所招致的苦果。另外，软件的“后门”都是软件公司的设计编程人员为了自便而设置的，一般不为外人所知，但一旦“后门”洞被外人打开，其造成的后果将不堪设想。

3．网络安全存在的主要问题是什么？

（1）网络建设单位、管理人员和技术人员缺乏安全防范意识，从而未能采取主动的安全措施加以防范，完全处于被动挨打的位置。

（2）单位的有关人员对网络的安全现状不明确，不知道或不清楚网络存在的安全隐患，从而失去了防御攻击的先机。

（3）单位的计算机网络安全防范没有形成完整的、组织化的体系结构，其缺陷给攻击者以可乘之机。

（4）单位的计算机网络没有建立完善的管理体系，从而导致安全体系和安全控制措施不能充分有效地发挥效能。业务活动中存在安全疏漏，造成不必要的信息泄露，给攻击者以收集敏感信息的机会。

（5）网络安全管理人员和技术人员缺乏必要的专业安全知识，不能安全地配置和管理网络，不能及时发现已经存在的和随时可能出现的安全问题，对突发的安全事件不能做出积极、有序和有效的反应。

4．Internet 的安全隐患主要体现在哪些方面？

（1）Internet 是一个开放的、无控制机构的网络，黑客（Hacker）经常会侵入网络中的计算机系统，或窃取机密数据和盗用特权，或破坏重要数据，或使系统功能得不到充分发挥直至瘫痪。

（2）Internet 的数据传输是基于 TCP/IP 通信协议进行的，这些协议缺乏使传输过程中的信息不被窃取的安全措施。

（3）Internet 上的通信业务多数使用 UNIX 操作系统来支持，UNIX 操作系统中明显存在的安全脆弱性问题会直接影响安全服务。

（4）在计算机上存储、传输和处理的电子信息，还没有像传统的邮件通信那样进行信封保护和签字盖章。信息的来源和去向是否真实，内容是否被改动，以及是否泄露等，在应用层支持的服务协议中是凭着君子协定来维系的。

（5）电子邮件存在着被拆看、误投和伪造的可能性。使用电子邮件来传输重要机密信息会存在着很大的危险。

（6）计算机病毒通过 Internet 的传播给上网用户带来极大的危害，病毒可以使计算机和计算机网络系统瘫痪、数据和文件丢失。在网络上传播病毒可以通过公共匿名 FTP 文件传送，也可以通过邮件和邮件的附加文件传播。

5．网络安全防范的主要内容是什么？

一个安全的计算机网络应该具有可靠性、可用性、完整性、保密性和真实性等特点。计算机网络不仅要保护计算机网络设备安全和计算机网络系统安全，还要保护数据安全，因此，针对计算机网络本身可能存在的安全问题，实施网络安全保护方案首先要确保计算机网络自身的安全性。网络安全防范的重点主要有两个方面：一是计算机病毒，二是黑客犯罪。

计算机病毒是一种危害计算机系统和网络安全的破坏性程序。黑客犯罪是指个别人利用计算机高科技手段，盗取密码侵入他人计算机网络，非法获得信息、盗用特权等，如非法转移银行资金、盗用他人银行账号购物等。随着网络经济的发展和电子商务的展开，严防黑客入侵、切实保障网络交易的安全，不仅关系到个人的资金安全、商家的货物安全，还关系到国家的经济安全、国家经济秩序的稳定问题，因此必须给予高度重视。

6．什么是操作系统型病毒？它有什么危害？

这种病毒会用它自己的程序加入操作系统或者取代部分操作系统进行工作，具有很强的破坏力，会导致整个系统瘫痪。而且由于感染了操作系统，这种病毒在运行时，会用自己的程序片段取代操作系统的合法程序模块。根据病毒自身的特点和被替代的操作系统中合法程序模块在操作系统中运行的地位与作用，以及病毒取代操作系统的取代方式等，对操作系统进行破坏。同时，这种病毒对系统中文件的感染性也很强。

操作系统是电脑与使用者交流的介质，换句话说也就是一个途径，如果这个途径被阻断，那么沟通将出现障碍。所以我们一定要保证操作系统的安全和正常工作，这样才能确保我们在电脑上的一切操作可以达到预想的目的。

7．什么是木马？

木马是一种带有恶意性质的远程控制软件，一般分为客户端（client）和服务器端（server）两种木马。客户端就是本地使用的各种命令的控制台，服务器端则是要给别人运行，只有运行过服务器端的计算机才能够完全受控。当你的计算机运行了服务器后，恶意攻击者可以使用控制器程序进入到你的计算机，通过指挥服务器程序达到控制你的计算机的目的。它可以锁定你的鼠标、记录你的键盘按键、修改注册表、远程关机、重新启动等功能。木马不会像病毒那样去感染文件。

木马的传播途径主要有以下 3 点。

（1）邮件传播：木马很可能会被放在邮箱的附件里发给你．因此一般不认识的人发来的带有附件的邮件，最好不要下载运行，尤其是附件名为*.exe 的。

（2）QQ 传播：因为 QQ 有文件传输功能，所以现在也有很多木马通过 QQ 传播。恶意破坏者通常把木马服务器程序通过合并软件和其他的可执行文件绑在一起。

（3）下载传播：在一些个人网站下载软件时有可能会下载到绑有木马服务器的程序。所以建议要下载工具的话最好去比较知名的网站。

以下是预防木马的常用招数。

（1）不要使用盗版或来历不明的软件。

（2）下载软件要到有名的大站点。

（3）保持警惕性，对不熟悉的人发来的 E-mail 不要轻易打开，带有附件的就更要小心。

（4）给自己的电脑安装实时监控反病毒软件、反黑客软件，对下载的软件在运行前进行检查，并及时更新杀毒软件。

（5）安装网络防火墙，这样即使中了木马，当有程序要连线上网时，防火墙会有所提示，就有可能发现木马。

8．什么是防火墙？它是如何确保网络安全的？

使用防火墙（Firewall）是一种确保网络安全的方法。防火墙是指设置在不同网络（如可信任的企业内部网和不可信的公共网）或网络安全域之间的一系列部件的组合。它是不同网络或网络安全域之间信息的唯一出入口，能根据企业的安全政策控制（允许、拒绝、监测）出入网络的信息流，且本身具有较强的抗攻击能力。它是提供信息安全服务，实现网络和信息安全的基础设施。

9．什么是后门？

后门（Back Door）是指一种绕过安全性控制而获取对程序或系统访问权的方法。在软件的开发阶段，程序员常会在软件内创建后门以便可以修改程序中的缺陷。如果后门被其他人知道，或是在发布软件之前没有删除，那么它就成了安全隐患。

10．什么叫入侵检测？

入侵检测是防火墙的合理补充，帮助系统对付网络攻击，扩展系统管理员的安全管理能力（包括安全审计、监视、进攻识别和响应），提高信息安全基础结构的完整性。它从计算机网络系统中的若干关键点收集信息，并分析这些信息，检查网络中是否有违反安全策略的行为和遭到袭击的迹象。

11．什么叫数据包监测？它有什么作用？

数据包监测可以被认为是一根窃听电话线在计算机网络中的等价物。当某人在“监听”网络时，他们实际上是在阅读和解释网络上传送的数据包。如果你需要在互联网上通过计算机发送一封电子邮件或请求下载一个网页，这些操作都会使数据通过你和数据目的地之间的许多计算机。这些传输信息时经过的计算机都能够看到你发送的数据，而数据包监测工具就允许某人截获数据并且查看它。

12．什么是 NIDS？

NIDS 是 Network Intrusion Detection System 的缩写，即网络入侵检测系统，它的目的是对系统的资源进行监视并在系统认为入侵发生的情况下通知系统管理员。NIDS 的运行方式有两种，一种是在目标主机上运行以监测其本身的通信信息，另一种是在一台单独的机器上运行以监测所有网络设备的通信信息（比如路由器），监视网络上的报文以发现表现入侵行为的特定特征，以达到发现入侵行为的目的。

NIDS 是网络安全系统的必要组成部分，补充了其他网络安全产品未达到的功能，可以发现攻击的发起者所处的位置，既可以用于追究已发生的入侵行为，也可以为即将发生的入侵行为设置障碍。

13．什么叫 SYN 包？

TCP 连接的第一个包，非常小的一种数据包。SYN 攻击包括大量此类的包，由于这些包看上去来自实际不存在的站点，因此无法有效进行处理。

TCP 拦截即 TCP intercept，大多数的路由器平台都应用了该功能，其主要作用就是防止 SYN 泛洪攻击。SYN 攻击利用的是 TCP 的三次握手机制，攻击端利用伪造的 IP 地址向被攻击端发出请求，而被攻击端发出的响应报文将永远发送不到目的地，那么被攻击端在等待关闭这个连接的过程中消耗了资源，如果有成千上万的这种连接，主机资源将被耗尽，从而达到攻击的目的。

14．加密技术是指什么？

加密技术是最常用的安全保密手段，利用技术手段把重要的数据变为乱码（加密）传送，到达目的地后再用相同或不同的手段还原（解密）。

加密技术包括两个元素：算法和密钥。算法是将普通的信息或者可以理解的信息与一串数字（密钥）结合，产生不可理解的密文的步骤，密钥是用来对数据进行编码和解密的一种算法。在安全保密中，可通过适当的钥加密技术和管理机制来保证网络的信息通信安全。

15. 如何预防计算机病毒？

计算机病毒，是指编制或者在计算机程序中插入的破坏计算机功能或者毁坏数据，影响计算机使用，并能自我复制的一组计算机指令或者程序代码。

计算机网络病毒实质上是一段可执行的程序，它具有广泛的传染性、潜伏性、破坏性、可触发性、针对性和衍生性，病毒可被预先编制在程序里，可通过网络、软件等方式传播。由于计算机病毒的传播方式多种多样，又通常具有一定的隐蔽性，因此，首先应提高对计算机病毒的防范意识，在计算机的使用过程中应注意下几点。

（1）尽量不使用盗版或来历不明的软件。使用新软件时，先用扫毒程序检查，可减少中毒机会。主动检查，可以过滤大部分的病毒。

（2）不要执行任何陌生的程序，不要随意从网站下载程序。

（3）不要轻易打开陌生人来信中的附件文件。因为“邮件病毒”一般是通过邮件中“附件”夹带的方法进行扩散，如果运行了该附件中的病毒程序，就会使计算机染毒。最妥当的做法，是先将附件保存下来，不要打开，先用查毒软件彻底检查。

（4）使用杀毒软件。杀毒软件应定期升级，一般间隔时间最好不超过一个月。养成经常用杀毒软件检查硬盘和每一张外来盘的良好习惯。应尽量配备多套杀毒软件，因为每个杀毒软件都有各自的特点。

（5）经常检查计算机，查看是否有异常文件，如果发现光有文件名没有图标的可执行程序，应该把它们删除，并立即用杀毒软件仔细检查。经常给自己发封 E-mail，看看是否会收到第二封未属标题及附带程序的邮件。

（6）备份硬盘引区和主引导扇区数据，经常对重要的数据进行备份。

（7）重要资料必须备份。

16. 如何预防黑客程序对计算机的攻击？

一名黑客(hacker)是一个喜欢用智力通过创造性方法来挑战脑力极限的人，特别是他们所感兴趣的领域，例如电脑编程或电器工程。黑客最早源自英文 hacker，早期在美国的电脑界是带有褒义的。但在媒体报道中，黑客一词往往指那些“软件骇客”（software cracker）。

黑客一词，原指热心于计算机技术，水平高超的电脑专家，尤其是程序设计人员。但到了今天，黑客一词已被用于泛指那些专门利用电脑搞破坏或恶作剧的人。

对这些人的正确英文叫法是Cracker，有人翻译成“骇客”。

应采取以下措施来预防黑客程序对计算机的攻击。

（1）树立安全观念，远离黑客要从自身做起。要掌握一定的安全防范措施，了解黑客的攻击手段，让其无机可乘。

（2）使用防火墙（Firewall）是一种确保网络安全的方法。合理利用防火墙防止非法数据的进入。可以使用过滤来监察数据包的来源和目的地址，按照规定接受或拒绝数据包，查找与应用有关的数据；在网络层对数据包进行模式检查，看是否符合已知“好友”数据包的位（bit）模式。

（3）进行身份认证，阻止非法用户的不良访问，要使用不容易被猜到的密码。

（4）通过密码技术对各类数据进行加密处理，有效防止信息泄露。

（5）通过数字签名，防止非法伪造、假冒和篡改信息。

（6）适时进行安全监控，检查网络中的各个系统中的文件登录，了解系统运行是否处于正常状态。

17．如何预防垃圾邮件？

（1）要起一个保护性强一点的用户名。垃圾邮件发送者常使用“字典档案”这样的工具，里面罗列了大量的英文姓名，利用这个工具可以自动寄发大量广告邮件。因此在申请邮箱账号的时候，尽量不要使用纯英文的名字，可以使用英文字母和数字相混合的方法，英文和数字的组合尽量长一点，从而躲避大量的广告垃圾邮件。

（2）要选择服务好的网站申请电子邮箱地址。垃圾邮件的监测主要靠服务提供商对垃圾邮件进行过滤，好的服务商更有实力发展自己的垃圾邮件过滤系统。

（3）保护好邮箱地址。不要轻易把自己的邮箱地址泄露给他人，不在BBS、论坛、新闻组等网上公开场合留下自己真实的E-mail地址。

（4）不要回复来历不明的邮件。对一些来历不明的邮件要采取置之不理的态度，不要被信中的花言巧语所迷惑而发送回复信件。你的回复行为只会使垃圾邮件发送者确定你的邮件地址是真实的，从此你的信箱中会源源不断地涌来垃圾信件。

18．如何预防黄、赌、邪教等不良信息？

（1）安装一个正版杀毒软件，并且定时升级。

（2）不要登录黄色网站。

（3）安装防火墙。

（4）如果你无意点击到黄赌类网站衔接，一要迅速下线；二要将IE地址删除掉，否则这些网站下次可能会自动弹出；三要向管理员报告，从技术上对不良信息加以限制；四要向网络稽查部门举报，从法律角度对发布不良信息者加以打击。

19. 什么是网络钓鱼？

网络钓鱼（Phishing）是通过大量发送声称来自于银行或其他知名机构的欺骗性垃圾邮件，意图引诱收信人给出敏感信息（如用户名、口令、账号 ID、ATM PIN 码或信用卡详细信息）的一种攻击方式。最典型的网络钓鱼攻击将收信人引诱到一个通过精心设计与目标组织的网站非常相似的钓鱼网站上，并获取收信人在此网站上输入的个人敏感信息，通常这个攻击过程不会让受害者警觉。它是“社会工程攻击”的一种形式。

网络钓鱼攻击者利用欺骗性的电子邮件和伪造的 Web 站点来进行网络诈骗活动，受骗者往往会泄露自己的私人资料，如信用卡号、银行卡账户、身份证号等内容。诈骗者通常会将自己伪装成网络银行、在线零售商和信用卡公司等可信的品牌，骗取用户的私人信息。

20. 网络钓鱼有哪些常见方式？

（1）发送电子邮件，以虚假信息引诱用户中圈套。

（2）建立假冒网上银行、网上证券网站，骗取用户账号密码实施盗窃。

（3）利用虚假的电子商务进行诈骗。

（4）利用木马和黑客技术等手段窃取用户信息后实施盗窃活动。

（5）利用用户弱口令等漏洞破解、猜测用户账号和密码。

（6）复制图片和网页设计、相似的域名。

（7）URL（统一资源定位器：可用来定位网络上信息资源的地址和本地系统要访问的文件。）地址隐藏黑客工具。

（8）通过弹出窗口和隐藏提示。

（9）利用社会工程学。

（10）利用 IP 地址的形式显示欺骗用户点击。

21. 如何防备网络钓鱼？

不要在网上留下可以证明自己身份的任何资料，包括手机号码、身份证号、银行卡号码等。

不要把自己的隐私资料通过网络传输，包括银行卡号码、身份证号、电子商务网站账户等资料不要通过 QQ、MSN、E-mail 等软件传播，这些途径往往可能被黑客利用来进行诈骗。

不要相信网上流传的消息，除非得到权威途径的证明，如网络论坛、新闻组、QQ 等往往有人发布谣言，伺机窃取用户的身份资料等。

不要在网站注册时透露自己的真实资料，例如住址、住宅电话、手机号码、自己使用的银行账户、自己经常去的消费场所等。骗子们可能利用这些资料去欺骗你的朋友。

如果涉及金钱交易、商业合同、工作安排等重大事项，不要仅仅通过网络完成，有心计的骗子们可能通过这些途径了解用户的资料，伺机进行诈骗。

不要轻易相信通过电子邮件、网络论坛等发布的中奖信息、促销信息等，除非得到另外途径的证明。正规公司一般不会通过电子邮件给用户发送中奖信息和促销信息，而骗子们往往喜欢这样进行诈骗。

22.“计算机有害数据”的内容是什么？

“有害数据”是指计算机信息系统及其存储介质中存在、出现的，以计算机程序、图像、文字、声音等多种形式表示的，包含以下内容。

（1）侵入国家事务、国防建设、尖端科学技术领域的计算机信息系统。

（2）故意制作、传播计算机病毒等破坏性程序，攻击计算机系统及通信网络，致使计算机系统及通信网络遭受损害。

（3）违反国家规定，擅自中断计算机网络或者通信服务，造成计算机网络或者通信系统不能正常运行。

（4）利用互联网造谣、诽谤或者发表、传播其他有害信息，煽动颠覆国家政权、推翻社会主义制度，或者煽动分裂国家、破坏国家统一。

（5）通过互联网窃取、泄露国家秘密、情报或者军事秘密。

（6）利用互联网煽动民族仇恨、民族歧视，破坏民族团结。

（7）利用互联网组织邪教组织、联络邪教组织成员，破坏国家法律、行政法规实施。

（8）利用互联网销售伪劣产品或者对商品、服务作虚假宣传。

（9）利用互联网损坏他人商业信誉和商品声誉。

（10）利用互联网侵犯他人知识产权。

（11）利用互联网编造并传播影响证券、期货交易或者其他扰乱金融秩序的虚假信息。

（12）在互联网上建立淫秽网站、网页，提供淫秽站点链接服务，或者传播淫秽书刊、影片、音像、图片。

（13）利用互联网侮辱他人或者捏造事实诽谤他人。

（14）非法截获、篡改、删除他人电子邮件或者其他数据资料，侵犯公民通信自由和通信秘密；

（15）利用互联网进行盗窃、诈骗、敲诈勒索。

2000 年 12 月 28 日通过的《全国人民代表大会常务委员会关于维护互联网安全的决定》，对有上述行为之一，构成犯罪的，依照刑法有关规定追究刑事责任。

如《中华人民共和国刑法》第二百八十五条规定：“违反国家规定，侵入国家事务、国防建设、尖端科学技术领域的计算机信息系统的，处三年以下有期徒刑或者拘役。”第二百八十六条规定：“违反国家规定，对计算机信息系统功能进行删除、修改、增加、干扰，造成计算机信息系统不能正常运行，后果严重的，处五年以下有期徒刑或者拘役；后果特别严重的，处五年以上有期徒刑。违反国家规定，对计算机信息系统中存储、处理或者传输的数据和应用程序进行删除、修改、增加的操作，后果严重的，依照前款的规定处罚。故意制作、传播计算机病毒等破坏性程序，影响计算机系统正常运行，后果严重的，依照第一款的规定处罚。”

23. 如何预防网络交友陷阱？

（1）要充分认识网络世界存在的虚拟性和险恶性，对网络恋情时刻保持警惕。

（2）不要轻易相信他人。防止网上交友陷阱和伤害的最安全的办法就是不要轻易相信和与之见面。

（3）不要轻易泄露自己的真实信息。不要向网友说出自己的真实姓名和地址、电话、学校名称、密码等个人信息。在你不确定对方身份和用意之前一定要慎重发送自己的照片。对方发过来的照片也不一定就是真实的本人。要对那些试图得到你个人信息的人要保持高度警惕。

（4）见面前要慎重考虑，如非见面不可，要选择公共场所，并告知自己的家人、朋友，或者请他们陪同见面。要记住：切不可去宾馆、偏僻场所、陌生的场所、私宅等处与网友见面。

（5）见面时要察言观色，了解其真实的背景和性格。要保护好手机、身份证及财物。

24. 如何预防网上欺诈？

（1）不要轻易相信那些可以电子邮件中所许诺的发财机会和高薪岗位。互联网上，均孕育着无限商机，也潜伏着防不胜防的陷阱。提高警惕是预防被欺诈的根本方法。

（2）网上购物要谨慎选择交易对象。对于陌生商家，应注意其网址上是否提供有详细通信地址和联系电话，必要时应打电话加以核实。在进行网上拍卖时，请尽量选择货到付款、同城交易方式。不要轻易与要求预付钱款的陌生商家或卖家打交道。

（3）网上购物要认真阅读交易规则。交易规则或须知则是电子合同的重要组成部分，因此，进行网上交易时，应认真阅读里面的条款，尤其应注意其中的有关产品质量、交货方式、费用负担、退换货程序、免责条款、争议解决方式等方面的内容。由于此类电子证据的“易修改性”，在开始大额交易时，可将这些凭证打印保存。

（4）网上购物要注意保存有关单据。购买者应注意保存有关“电子交易单据”，包括商家以电子邮件方式发出的确认书、用户名和密码等。在保存电子邮件时，应注意不要漏掉完整的信头，因为该部分详细地记载了该电子邮件的经由路径，是确认邮件真实性的重要依据。

（5）网上购物要认真验货索取票据。验货时，应注意核对货品是否与所订购商品一致，有无质量保证书、保修凭证，同时注意索取购物发票或收据。

（6）发生纠纷要及时投诉。现有法律的基本原则完全适用于网络消费环境，购买者可通过与商家协商、向消费者协会投诉，向法院提起诉讼或申请仲裁等方式寻求纠纷解决之道。

25. 什么是计算机网络犯罪？分为哪几类？

计算机网络犯罪指的是行为人未经许可对他人电脑系统或资料库的攻击和破坏或利用网络进行经济、刑事等犯罪。

计算机网络犯罪的类型分为 3 大类。

一是破坏计算机系统犯罪。破坏计算机系统犯罪是指利用计算机运行的特点和模式，使用计算机，通过对计算机系统的软件（含软件必须的数据）或软件运行环境的破坏，从而导致计算机系统不能正常运转，造成严重损失的犯罪。这种犯罪也就是刑法第二百八十六条规定的犯罪，即针对计算机“信息系统”的功能，非法进行删除、修改、增加、干扰，对于计算机信息系统中存储、处理或者传输的数据和应用程序进行删除、修改、增加的操作，故意制作、传播计算机病毒等破坏性程序，影响计算机系统正常运行，后果严重的行为乃是破坏计算机系统犯罪。

二是以网络为犯罪对象的犯罪。例如，窃取他人网络软、硬件技术的犯罪；侵犯他人软件著作权和假冒硬件的犯罪；非法侵入网络信息系统的犯罪，破坏网络运行功能的犯罪。刑法第二百八十五条规定，“违反国家规定，侵入国家事务、国防建设、尖端科学技术领域的的计算机系统的，处三年以下有期徒刑或拘役。”

三是以网络为工具的犯罪。例如，利用网络系统进行盗窃、侵占、诈骗他人财务的犯罪；利用网络进行贪污、挪用公款或公司资金的犯罪；利用网络伪造有价证券，金融票据和信用卡的犯罪；利用网络传播淫秽物品的犯罪；利用网络侵犯商业秘密，电子通信自由，公民隐私权和毁坏他人名誉的犯罪；利用网络进行电子恐怖、骚扰、扰乱社会公共秩序的犯罪；利用网络窃取国家机密，危害国家安全的犯罪。

26. 对违反《计算机信息系统安全保护条例》的其他行为如何处理？

（1）故意输入计算机病毒以及其他有害数据危害计算机信息系统安全的，或者未经许可出售计算机信息系统安全专用产品的，由公安机关处以警告或者对个人处以 5 000 元以下的罚款、对单位处以 15 000 元以下的罚款；有违法所得的，除予以没收外，可以处以违法所得 1～3 倍的罚款。

（2）违反本条例的规定，构成违反治安管理行为的，依照《中华人民共和国治安管理处罚条例》的有关规定处罚；构成犯罪的，依法追究刑事责任。

（3）任何组织或者个人违反本条例的规定，给国家、集体或者他人财产造成损失的，应当依法承担民事责任。

（4）当事人对公安机关依照本条例所作出的具体行政行为不服的，可以依法申请行政复议或者提起行政诉讼。

（5）执行本条例的国家公务员利用职权，索取、收受贿赂或者有其他违法、失职行为，构成犯罪的，依法追究刑事责任；尚不构成犯罪的，给予行政处分。

27. 长时间上网有哪些危害？

（1）影响身体健康。电脑显示器伴有 X 射线和低频电磁辐射，长时间使用会导致 719 种病症，如伤害人的眼睛，诱发青光眼等眼病，易引起人的中枢神经失调，使人暴躁、抑郁等，会对手指、腕、上肢、肩、肘、腰不利，易导致肌肉骨骼系统等疾患。电脑散发出的气体还会危害人的呼吸系统，导致肺部发生病变。

（2）导致网络综合征。无节制地上网，会导致各种行为异常、心理障碍、交感神经部分失调，严重者发展成为网络综合征。该病症的典型表现为：情绪低落、兴趣丧失、睡眠障碍、生物钟混乱、食欲下降、体重减轻、精力不足、精神运动型迟缓、自我评价低、思维迟缓、不愿参加社会活动、很少关心他人、酗酒、滥用药物等。

（3）导致不安全工作事故发生。长时间上网影响休息，第二天工作时容易出现精力不集中等情况，会引发工作失误，可能导致不安全工作事故发生。

28. 网络成瘾主要包括哪几种类型？

据 2005 年《中国青少年网瘾数据报告》调查，13 岁至 17 岁的青少年网民中网瘾比例最高，达 17.10%，初中生、职高学生中网络成瘾的比例均达到 20%以上，而且从总体趋势看，随着年龄的增长，上网成瘾的比例逐渐降低。

网络成瘾主要包括以下几种类型。

一是浏览不良信息成瘾，迷恋网上的色情、暴力等不良信息。

二是网络交际成瘾，即利用 QQ、聊天室等聊天工具进行交流。

三是玩网络游戏成瘾，即长时间地玩刺激性的网络游戏，以至于不能自拔。

29. 网络成瘾的原因是什么？

网络成瘾的原因多种多样，既有社会、家庭和学校等客观环境方面的原因，也有自身主观方面的原因。

（1）社会、家庭和学校教育的缺陷是网络成瘾的客观原因。例如，老师过于严厉的教学态度，父母不正确的教育方式，松懈的网吧管理，同学之间的影响等，这些都是促成同学们网络成瘾的重要原因。

（2）自控能力差是网络成瘾的主观原因。处于青春期的我们大多意志力薄弱，一旦上网，往往可能被网上光怪陆离且层出不穷的新游戏、新技术和新信息“网住”，一旦沉迷其中，会产生越来越强的心理依赖和反复操作的渴望，难以自拔。

（3）人格发展不成熟。职校生正处于人生观、价值观的形成期，自身的性格特点尚未定型，缺乏准确判断是非的能力，容易受到网络中不良信息或游戏的影响。有些同学也会因为感觉生活空虚、苦闷、无聊、失落等消极心理，求助并依赖于网络，以求摆脱心理困境。

（4）在人际交往，做事能力，自我价值认识方面，对自己有消极的评价。例如，在现实生活中不善于与人交往，找不到成就感，感到无能为力，非常郁闷和自卑。而在互联网上，则没有这种种障碍，因此能够获得在日常生活中无法得到的尊重、友情、成就感、自信和满足感。这些是我们在现实生活当中不容易得到的东西。

30．如何摆脱网络依赖？

（1）端正认识，明确上网的目的

网络已经成为我们生活中不可缺少的重要组成部分，完全避开网络是不可能也是没有必要的。我们在使用网络时，要把网络与学习相结合，把网络作为获得知识的一种途径。这样，不但能减少网络成瘾的危险，还会体验到获取知识的成就感和充实感。克服网瘾倾向的关键是，自己要合理的安排上网的事项，以避免影响自己的正常学习生活，例如，可以制订一个每周学习与上网的计划，约定好上网次数、上网时间、浏览范围等。

（2）自我克制，锻炼坚强的意志力

克服网瘾要有坚强的意志，这是克服网瘾、获得学业成功的必要条件。应树立一个坚定正确的奋斗目标，以此为动力培养自己的控制力与忍耐力，同时，要陶冶情操，对一些生活中的困惑，应积极与父母、老师进行沟通，以获得外部支持和帮助。

（3）转移注意，培养更多的兴趣点

心理学上有一种非常好的行为矫正的方法，即转移注意力的方法。当你产生上网念头时，不妨转移一下自己的注意力，尝试用其他方式代替上网，例如可根据自己的兴趣、爱好和特长，通过体育锻炼、听音乐、阅读你喜欢的图书杂志、找同学聊天等方法，借此转移你的上网注意力，逐步戒除网瘾。要广泛培养自己各方面的兴趣，培养更多的兴趣点，使自己在任何时候都能够找到愉悦自己、放松心情的方法。

31．《全国青少年网络文明公约》的主要内容是什么？

（1）要善于网上学习　不浏览不良信息

（2）要诚实友好交流　不侮辱欺诈他人

（3）要增强自护意识　不随意约会网友

（4）要维护网络安全　不破坏网络秩序

（5）要有益身心健康　不沉溺虚拟时空

32．计算机中心潜在的火灾危险因素有哪些？

计算机系统一旦失火，经济损失巨大，并且由于信息、资料数据等的破坏也给有关管理、监控系统造成不良影响。计算机中心潜在的火灾危险因素主要有以下几点。

（1）室内装修装饰要用大量的木材、胶合板及塑料板等可燃物，通风管道使用聚苯乙烯泡沫等可燃材料保温，可导致建筑物的耐火性能相应降低。

（2）机房内的电气设备多，电气线路复杂，若选型不当或不符合安装规定要求，可因短路、超负荷等引发火灾事故。

（3）电子计算机需长时间连续工作时，若发生故障，造成绝缘被击穿，稳压电源短路或高阻抗元件接触不良等发热而着火。

（4）工作人员穿涤纶、睛纶、氯纶等服装或聚氯乙烯拖鞋，产生静电火花。

（5）用过的可燃物品未及时处理或使用易燃清洗剂擦拭机器设备及地板等，遇火源可起火。

33．如何预防计算机中心发生火灾？

（1）计算机系统的电源线上，不得接有负荷变化的空调系统、电动机等电气设备，并做好屏蔽接地。

（2）电气设备的安装和检修，改线和临时用线，应符合电气防火的要求。

（3）机房内宜选用具有防火性能的抗静电地板。

（4）可视情况设置火灾自动报警、自动灭火系统，并尽量避开可能招致电磁干扰的区域或设备，同时配套设置消防控制室。应配备轻便的气体灭火器。工作场所应禁止吸烟和随意动火。工作人员应掌握必要的防火常识和灭火技能。

（5）严禁存放腐蚀性物品和易燃易爆物品。

（6）检修时必须先关闭设备电源，再进行作业，并尽量避免使用易燃溶剂。

（7）用后的各种电动工具应立即切断电源，放回原处。

（8）值班人员每日要定时做好防火安全巡回检查。

事故案例

违章违纪不狠抓，害人害己害国家。
愚者用鲜血换取教训，智者用教训避免事故。
珍惜生命，不要误用生命跨越安全之门。

案例 1　与网友见面　有悲有喜

1．事故概述

（1）父亲陪同会见网友　避免了一场悲剧

13 岁的丽丽是“小网虫”，假期的第一天，在征得妈妈的同意之后，她开始在网上征友。她给自己起了一个非常有趣的名字叫“开心果”。

从此，她每天都会收到数十条来自四面八方的回信，其中有个名叫“开心鸟”的网友，丽丽觉得他可不是一般性人物，谈吐不凡，知识面宽广，真让丽丽觉得相见恨晚。后来，“开心鸟”发出了会晤邀请，丽丽非常苦恼，如不去，唯恐会失去一位网上密友；如期赴约，又心有余悸。最后，聪明的丽丽想出了一个两全齐美的办法，她请爸爸作陪，并将约会地点定在搏物馆门口。约会的时间过了10多分种，网友终于出现。

令丽丽吃惊的是，自称是17岁的网友，看上去年近40岁，而且一见面，他就邀请丽丽去宾馆坐坐，说是已开好了房间。因有爸爸在不远处监护着，丽丽也不害怕，大胆地和网友一起去宾馆。随后的事更让丽丽措手不及。

网友刚刚落坐，就要来抱丽丽亲热，然后还去解丽丽的衣扣，欲行不轨。幸亏爸爸及时听到丽丽的呼救，才制止了悲剧的发生。

（2）与网友见面，遭到伤害

哈尔滨市公安机关打掉了一个专门利用网络交友继而实施轮奸、抢劫等罪行的5人犯罪团伙。在短短两个月内，这个犯罪团伙有分有合作案4起，4名少女惨遭强暴后财物也被洗劫一空。下面就是其中的一个受害者经历。

一天晚上，15岁的中学生赵晴在网上遇到网名为“眼神”的男孩。两人一“见”如故，并在电话里约定在某网吧见面。

20分钟后，赵晴在那家网吧见到了“眼神”及另外2个男青年。几人在饭店晚餐后，“眼神”提出先送两位朋友回家，再送赵晴，4人同乘一辆出租车，不一会儿便出了市区。途中赵晴要求下车，遭到拒绝。3名男青年将赵晴拖进一处平房，实施轮奸。随后抢走了她的手机和1 500元现金。

2. 事故原因

网上交友聊天，某种程度上能够释放中学生在学习中的紧张情绪，或多或少地能丰富中学生的精神生活，我们不应全盘反对。网上交友只是通过对方的语言、自己的直觉和想象而产生信任感，这种信任感往往是靠不住的。一旦步入对方设计好的圈套，就要付出沉重的代价。因此，中学生在网上交友时应做到：提高警惕，切莫单独去赴约。如非见面不可，一定要做好防范措施。赵晴受到伤害主要原因就在于轻率地与网友见面，没有做到小心谨慎，最终悔之晚矣。而丽丽与网友见面却想出了一个两全齐美的办法，她请爸爸作陪，并将约会地点定在搏物馆门口，有效避免了悲剧的事件的发生。

案例2　轻信卖家之言　步入网络虚拟交易陷阱

1. 事故概述

2006年10月9日，赵某在网吧打游戏时看到，有一个叫“竞技再现”的人在网上销售网络装备。经过一番讨价还价，对方同意以280元的价格卖给他一套网络装备。

次日上午，赵某按照对方提供的账号将钱汇出，结果280元钱有去无回。

事后，赵某立刻打电话向网络游戏客服中心投诉。运营商称这种事情纯属个人行为，无法介入。

2．事故原因

网络虚拟交易的诈骗方法并不神秘，只要我们细心观察，提高警惕，就不会轻易被骗。在上面的案例中，实际上游戏商在游戏注册时都有“不许买卖装备”之类的警告。对于私自购买装备提升自己的等级，在法律上不受保护。

案例3 “蓝极速”网吧纵火案

1．事故概述

2002年6月16日凌晨2时40分许，北京市海淀区学院路20号院内，非法经营的“蓝极速”网吧燃起熊熊大火。25人在大火中丧生，多人受伤，受到伤害的多是附近大专院校的学生。这就是震惊全国的“蓝极速”网吧纵火案。

2．事故原因

4名纵火者均是13岁～17岁的中学生，刘某某（男，14岁）、宋某某（男，14岁）、张某某（女，17岁）及张某（男，13岁）。有一次4人去“蓝极速”网吧，与管理人员发生了摩擦，在刘某某的提议下，决定对“蓝极速”实施报复。纵火的直接原因看似是他们与网吧管理人员的口角上的争吵，其事件背后与他们长期沉迷于网络游戏而导致性格的改变。

其中男孩张某和宋某某因父母离异后缺少家庭管教，经常逃学，一逃学就去网吧玩，沉迷于网络，沉迷于网络虚拟暴力世界里。他们认为这个世界就像他们玩的这个暴力游戏。由于沉迷网络的暴力游戏，造成了孤僻的性格和潜在的暴力倾向。

案例4 吕薛文破坏计算机信息系统案

1．事故概述

1997年4月间，吕薛文（广东省广州市人，高中文化，无业，1998年5月5日被逮捕）加入国内黑客组织。1998年1至2月间，吕薛文使用自己的手提电脑，盗用邹某、王某、何某、朱某的账号和使用另外两个非法账号，分别在广东省中山图书馆多媒体阅览室及自己家中登录上网，利用从互联网上获取的方法攻击中国公众多媒体通信网广州主机。在成功入侵该主机系统并取得最高权限后，吕薛文非法开设了两个具有最高权限的账号和一个普通用户账号，以便长期占有该主机系统的控制权。期间，吕薛文于2月2日至27日多次利用gzlittle账号上网入侵广州主机，对该主机系统的部分文件进行修改、增加、删除等一系列操作，非法开设了 gzfifa、gzmicro、gzasia 3个账号送给袁某使用，并非法安装和调试网络安全监测软件，未遂。2月25日、26日，吕薛文先后3次非法修改广州主机系统的root密码，致使该主机系统最高权限密码3次失效，造成该主机系统管理失控约15h。此外，1998年2月12日，吕薛文还利用Lss程序和所获得的密码对蓝天BBS主机进行攻击，在取得该主机的最高权限后提升LP账号为最高权限用户账号，以便长期取得该主机的最高权限。

2. 事故处理

吕薛文其行为已触犯《中华人民共和国刑法》第二百八十六条第一、二款的规定，构成破坏计算机信息系统罪；其行为已触犯国务院1994年2月18日发布的《中华人民共和国计算机信息系统安全保护条例》第七条规定："任何组织或者个人，不得利用计算机信息系统从事危害国家利益、集体利益和公民合法利益的活动，不得危害计算机信息系统的安全。"构成破坏计算机信息系统罪。广州市中级人民法院于1999年8月19日判决：被告人吕薛文犯破坏计算机信息系统罪，判处有期徒刑一年六个月；没收被告人吕薛文作案用的手提电脑1台。

案例5　制造传播"熊猫烧香"病毒案

1. 事故概述

2007年2月12日，"熊猫烧香"病毒的8名犯罪嫌疑人已被湖北省公安厅抓获，至此，"熊猫烧香"病毒案也终水落石出，这是国内目前破获的最大的一例制作传播计算机病毒案。

制作该病毒者是武汉市的李俊。他在2004中专毕业后参加过网络技术职业培训班，曾在某电脑城工作。李俊曾多次到北京、广州等地寻找IT方面的工作，尤其钟情于网络安全公司，但均未成功。为了发泄不满，同时抱着赚钱的目的，李俊开始编写病毒，2003年曾编写过"武汉男生"病毒，2005年编写了"武汉男生2005"病毒及"QQ尾巴"病毒。

2006年10月16日编写了"熊猫烧香"。这是一种超强病毒，感染病毒的电脑会在硬盘的所有网页文件上附加病毒。如果被感染的是网站编辑电脑，通过中毒网页病毒就可能附身在网站所有网页上，访问中毒网站时网民就会感染病毒。"熊猫烧香"除了带有病毒的所有特性外，还具有强烈的商业目的：可以暗中盗取用户游戏账号、QQ 账号，以供出售牟利；还可以控制受感染电脑，将其变为"网络僵尸"，暗中访问一些按访问流量付费的网站，从中获利。部分变种中还含有盗号木马。

李俊以自己出售和由他人代卖的方式，每次要价500～1 000元不等，将该病毒销售给120余人，非法获利10万余元。经病毒购买者进一步传播，该病毒的各种变种在网上大面积传播，据估算，被“熊猫烧香”病毒控制的“网络僵尸”数以百万计。

熊猫烧香病毒自产生以来，迅速蔓延至整个互联网，使上百万个人用户、网吧及企业造成网络污染和破坏，至今已经有100多个变种病毒，《瑞星2006安全报告》将该病毒列为十大病毒之首，《2006年度中国大陆地区电脑病毒疫情和互联网安全报告》称其为“毒王”。

2．事故处理

2007年9月24日，法院一审判决：李俊、雷磊、王磊、张顺故意制造或传播计算机病毒，影响了众多计算机系统正常运行，后果严重，已构成破坏计算机信息系统罪。其中，李俊是主犯，王磊、张顺、雷磊是从犯。法庭念在4被告人认罪态度较好，有悔罪表现，李俊又有立功表现，且案发后李俊、王磊、张顺退出所得全部赃款，依法从轻判处，李俊有期徒刑4年，王磊有期徒刑2年半，张顺有期徒刑2年，雷磊有期徒刑1年。法庭并判决李俊、王磊、张顺的违法所得予以追缴，上缴国库。

第五篇　机械安全知识

安全知识

安全生产警钟长鸣，规程措施伴我同行。
班前讲安全，思想添根弦；班中讲安全，操作保平安；班后讲安全，警钟鸣不断。
工作上宁可千日紧，安全上不可一时松。

1. 机械事故伤害的主要原因和种类有哪些？

（1）机械设备零部件作旋转运动时造成的伤害。例如，机械设备中的齿轮、皮带轮、滑轮、卡盘、轴、光杠、丝杠、联轴节等零部件都是作旋转运动的。旋转运动造成人员伤害的主要形式是绞伤和物体打击伤。

（2）机械设备的零部件作直线运动时造成的伤害。例如，锻锤、冲床、切板机的施压部件、牛头刨床的床头、龙门刨床的床面及桥式吊车大、小车和升降机构等，都是作直线运动。作直线运动的零部件造成的伤害事故主要有压伤、砸伤和挤伤。

（3）刀具造成的伤害。例如，车床上的车刀、铣床上的铣刀、钻床上的钻头、磨床上的磨轮、锯床上的锯条等都是加工零件用的刀具。刀具加工零件时造成的伤害事故主要有烫伤、刺伤、割伤和铰伤。

（4）被加工的零件造成的伤害。机械设备在对零件进行加工的过程中，有可能对人身造成伤害。这类伤害事故主要有：①被加工零件固定不牢被甩出打伤人，如车床利用卡盘装夹工件不牢，在旋转时就会将工件甩出伤人；②被加工的零件在吊运和装卸过程中，可能造成砸伤。

（5）电气系统造成的伤害。工厂里使用的机械设备，其动力绝大多数是电能，因此，每台机构设备都有自己的电气系统，主要包括电动机、配电箱、开关、按钮、局部照明灯以及接零（地）和导线等。电气系统对人的伤害主要是电击。

（6）手用工具造成的伤害。钳工使用的手用工具，如使用不当，有可能对人身造成伤害，如锤子使用不当，有可能砸伤自己或他人，锯条使用不当，有可能崩断伤人。

（7）其他的伤害。机械设备除能造成以上各种伤害外，还可能造成其他一些伤害，如有的机械设备在使用时伴随着发生强光、高温，还有的放出化学能、辐射能以及尘毒危害物质等，这些对人体都可能造成伤害。

2．机械设备的基本安全要求有哪些？

（1）机械设备的布局要合理，应便于操作人员装卸工件、加工观察和清除杂物；同时也应便于维修人员的检查和维修。

（2）机械设备中零部件的强度、刚度应符合安全要求，安装应牢固，不得经常发生故障。

（3）根据有关安全要求，机械设备必须安装合理、可靠，不影响操作的安全装置。

① 对于做旋转运动的零部件应装设防护罩或防护挡板、防护栏杆等安全防护装置，以防发生绞伤。

② 对于超压、超载、超温度、超时间、超行程等能发生危险事故的零部件，应装设保险装置，如超负荷限制器、行程限制器、安全阀、温度继电器、时间断电器等，以便当危险情况发生时，安全防护装置就会发生作用而排除险情，防止事故的发生。

③ 对于某些动作当需要对人们进行警告或提醒注意时，应安设信号装置、警告牌等，如电铃、喇叭、蜂鸣器等声音信号，还有各种灯光信号、各种警告标志牌等都属于这类安全装置。

④ 对于某些动作顺序不能搞颠倒的零部件应装设联锁装置，即某一动作，必须在前一个动作完成之后才能进行，否则就不可能动作，这样就保证了不致因动作顺序搞错而发生事故。

（4）机械设备的电气装置必须符合电气安全的要求，主要有以下几点。

① 供电的导线必须正确安装，不得有任何破损或露铜的地方。

② 电机绝缘应良好，其接线板应有盖板防护，以防直接接触。

③ 开关按钮等应完好无损，其带电部分不得裸露在外。

④ 应有良好的接地或接零装置，连接的导线要牢固，不得有断开的地方。

⑤ 局部照明灯应使用 36V 的电压，禁止使用 110V 或 220V 电压。

（5）机械设备的操纵手柄以及脚踏开关等应符合如下要求。

① 重要的手柄应有可靠的定位及锁紧装置。同轴手柄应有明显的长短差别。

② 手轮在机动时能与转轴脱开，以防随轴转动打伤人员。

③ 脚踏开关应有防护罩或藏入床身的凹入部分内，以免掉下的零部件落到开关上，启动机械设备而伤人。

（6）机械设备的作业现场要有良好的环境，即亮度要适宜，湿度与温度要适中，噪声和振动要小，零件、工夹具等要摆放整齐。这样能使操作者心情舒畅，专心无误地工作。

（7）每台机械设备应根据其性能、操作顺序等制定出安全操作规程和检查、润滑、维护等制度，以便操作者遵守。

3. 机械加工车间常见的防护装置有哪些？主要作用是什么？

机械加工车间常见的防护装置有防护罩、防护挡板、防护栏杆、防护网等。机械设备的传动带、明齿轮以及接近于地面的联轴节、转动轴、皮带轮、飞轮、砂轮、电锯等危险部分，都要装设防护装置。对压力机、碾压机、电刨、剪板机等压力机械的旋压部分都要有安全装置。防护罩用于隔离外露的旋转部分，如皮带轮、齿轮、链轮、旋转轴等。防护挡板、防护网有固定和活动两种形式，起隔离、遮挡金属切削飞溅的作用。防护栏杆用于防止高空作业人员坠落或划定安全区域。总体来说，防护装置的形式主要有固定防护装置、联锁防护装置和自动防护装置。

4. 机械设备操作人员的安全管理规定有哪些？

要保证机械设备不发生工伤事故，不仅机械设备本身要符合安全要求，更重要的是要求操作者严格遵守安全操作规程。当然机械设备的安全操作规程因其种类不同而内容各异，但其安全管理规定是统一的。

（1）操作人员必须正确穿戴好个人防护用品。该穿戴的必须穿戴，不该穿戴的就一定不要穿戴。例如，机械加工时要求女工戴护帽，如果不戴就可能将头发绞进去；同时要求不得戴手套，如果戴了，机械的旋转部分就可能将手套绞进去，将手绞伤。

（2）操作前要对机械设备进行安全检查，而且要空车运转一下，确认正常后，方可投入运行。

（3）机械设备在运行中也要按规定进行安全检查。特别是对紧固的物件看看是否由于振动而松动，以便重新紧固。

（4）机械设备严禁带故障运行，千万不能凑合使用，以防出事故。

（5）机械设备的安全装置必须按规定正确使用，不准私自将其拆掉不用。

（6）机械设备使用的刀具、工夹具以及加工的零件等一定要装卡牢固，不得松动。

（7）机械设备在运转时，严禁用手调整；也不得用手测量零件或进行润滑、清扫杂物等，如必须进行时，则应首先关停机械设备。

（8）机械设备运转时，操作者不得离开工作岗位，以防发生故障时，无人处置。

（9）工作结束后，应关闭开关，把刀具和工件从工作位置退出，并清理好工作场地，将零件、工夹具等摆放整齐，打扫好机械设备的卫生。

5. 金属冷加工车间如何防止工伤事故？

金属冷加工车间机床较多，只要妥善布置工作场所，设置必要的防护装置、保险装置，并严格遵守安全操作规程，就可以有效地防止工伤事故。

机床布置要求如下。

（1）不使零件或切屑甩出伤人。

（2）操作者不受日光直射而产生目眩。

（3）搬运成品、半成品及清理金属切屑方便。

（4）车间应设安全通道，使人员及车辆行驶畅通无阻。

防护装置要求如下。

（1）防护罩：隔离外露的旋转部件。

（2）防护栏杆：在运转时容易伤害人的机床部位，以及不在地面上操作的机床，均应设置高度不低于1m的防护栏杆。

（3）防护挡板：防止磨屑、切屑和冷却液飞溅。

保险装置要求如下。

（1）超负荷保险装置：超载时自动脱开或停车。

（2）行程保险装置：运动部件到预定位置能自动停车或返回。

（3）顺序动作联锁装置：在一个动作未完成之前，下一个动作不能进行。

（4）意外事故联锁装置：在突然断电时，保险机构能立即动作或机床停车。

（5）制动装置：避免在机床旋转装卸工件；发生突然事故时，能及时停止机床运转。

6．机床切削加工应遵守哪些安全操作规程？

（1）被加工工件的重量、轮廓尺寸应与机床的技术性能数据相适应。

（2）被加工工件的重量大于20kg时，应使用起重设备。

（3）在工件回转或刀具回转的情况下，禁止戴手套操作。

（4）紧固工件、刀具或机床附件时要站稳，不要用力过猛。

（5）每次开动机床前都要确认对任何人无危险，机床附件、加工件以及刀具均已固定牢靠。

（6）当机床在工作时，不能变动手柄或进行测量、调整、清理等工作。操作者应观察加工进程。

（7）如果在加工过程中易形成飞起的切屑，为安全起见，应放防护挡板。从工作地和机床上清除切屑及防止切屑缠绕在被加工工件或刀具上，不能直接用手操作，也不能用压缩空气吹，而要用专用工具。

（8）正确地安放被加工工件，不要堵塞机床附近通道，要及时清扫切屑，工作场地特别是脚踏板上，不能有冷却液和油。

（9）当用压缩空气作为机床附件驱动力时，废气排放口应朝着远离机床的方向。

（10）经常检查零件在工作地或库房内堆放的稳固性，当将这些零件移到运箱中时，要确保它们的位置稳定以及运箱本身稳定。

（11）当离开机床时，即使是短时间离开，也一定要关电源停车。

（12）当出现电绝缘发热并有气味，设备运转声音不正常，有冒烟冒火现象，有失控现象，要迅速停车检查。检修应在切断电源后才能进行。

（13）对噪声超过国家规定标准的机床，应查明原因，并采取降低噪声的措施。

7．引起切削加工安全事故的主要原因是什么？

（1）安全操作规程不健全，安全管理不善，对操作者缺乏基本训练。例如，操作者不按安全操作规程操作，没有穿戴合适的防护服，工件或刀具没有夹持牢固就开动机床，在机床运转中调整或测量工件、清除切削等。

（2）机床在非正常状态下运转。例如，机床设计、制造或安装存在缺陷，机床部件和安全防护装置的功能失效等。

（3）工作场地环境不好。例如，照明不足，温度或湿度不适宜，噪声过大，地面或脚踏板被乳化液弄脏，设备布置不合理，零件或半成品堆放不整齐。

（4）工艺规程和工艺装备不符合安全要求，采取新工艺时无相应的安全措施保障。

（5）采取的防护措施不当，不能有效预防安全事故的发生。

8．切削加工中的安全事故类型有哪些？

（1）操作者身体某一部位被卷入或夹入机床运动部件，造成身体伤害。

发生这类伤害事故，多是因为机床旋转部分裸露在外，且未加防护装置，以及操作者的错误操作。例如，车床上旋转着的鸡心夹、花盘上的坚固螺钉端头、露在机床外的挂轮、传动丝杆等，均有可能将操作者的衣服袖口、领带、头巾等卷入，造成安全事故；车床操作者留有长发，又不带工作帽，飘散的长发极易被卷入机床内，造成操作者头皮脱落的安全事故；钻床操作者戴手套操作，会被旋转着的钻头或切屑将手套连同手一齐被卷入，造成手掌拉断的安全事故。

（2）操作者与机床相碰撞引起的伤害事故。

在机械加工过程中，由于操作方法不当，用力过猛，使工具规格不合适或已磨损，均可能使操作者撞到机床上，例如，用规格不合适或已磨损的扳手去拧螺母，并且用力过猛，使扳手打滑离开螺母，人的身体会因失去平衡而撞在机床上，造成伤害事故。操作者站立位置不当，也有可能受到机床运动部件的撞击，例如，站在平面磨床或牛头刨床运动部件的运动范围内，如注意力没有集中到机床上，就有可能被平面磨床工作台或牛头刨床滑枕撞上。

（3）操作者被飞溅的切屑划伤或烫伤。

飞溅的磨料和崩碎的切屑极易伤害人的眼睛。据统计，在切屑加工过程中，眼睛受伤的比例约占伤害事故总数的35%。

（4）操作者跌倒造成伤害事故。

这类伤害事故主要是由于工作现场环境不好，如照明不足，地面不平整，地面油污过多，机床布置不合理，通道过于狭窄，零部件摆放不合理等，都有可能使操作者滑倒或绊倒，造成身体伤害。

（5）切屑加工用冷却液对皮肤侵蚀和切屑噪声对人体危害。

9．车工应注意哪些安全事项？

（1）穿紧身防护服，袖口不要敞开；长发要戴防护帽；在操作时，不能戴手套。

（2）在机床主轴上装卸卡盘要停机后进行，不可用电动机的力量来取卡盘。

（3）夹持工件的卡盘、拨盘、鸡心夹的凸出部分最好安装防护罩，以免绞住衣服或身体的其他部分，如无防护罩，操作时就注意离开，不要靠得太近。

（4）用顶尖装夹工件时，要注意顶尖与中心孔应完全一致，不能用破损或歪斜的顶尖，使用前应将顶尖、中心孔擦干净，后尾座顶尖要顶牢。

（5）车削细长工件时，为保证安全应采用中心架或跟刀架，长出车床部分应有标志。

（6）车削形状不规则的工件时，应装平衡块，并试转平衡后再切削。

（7）刀具装夹要牢靠，刀头伸出部分不要超出刀体高度的 1.5 倍，刀下垫片的形状、尺寸应与刀体形状、尺寸相一致，垫片应尽可能的少而平。

（8）对切削下来的带状切屑、螺旋状长切屑，应用钩子及时清除，切忌用手拉。

（9）为防止崩碎切屑伤人，应在合适的位置上安装透明挡板。

（10）除车床上装有在运转中自动测量的量具外，均应在停车后测量工件，并将刀架移到安全位置。

（11）用砂布打磨工件表面时，要把刀具移到安全位置，并注意不要让手和衣服接触工件表面。

（12）磨内孔时，不可用手指支持砂布，应用木棍代替，同时车速不宜太快。

（13）禁止把工具、夹具或工件放在床身上或主轴变速箱上。

10．车工应遵守哪些安全操作规程？

（1）操作者必须是经过安全技术培训并取得合格证者。徒工无师傅监护不得独立操作。

（2）上岗前防护用品必须穿戴齐全。长发必须戴入帽内，并扎紧袖口。夏季禁止穿裙子、短裤和凉鞋上机操作。工作时，头不能离工件太近，以防切屑飞入眼中。为防切屑崩碎飞散伤眼，必须带防护眼镜。

（3）开车前，清除床面和周围的不用之物，检查各部件、手柄位置是否正确，以防开车时因突然撞击而损坏机床。检查各润滑点和溜板箱、走刀架润滑情况，各附件和保护罩是否牢固完好，确认一切正常后再试车生产。

（4）启动后，应使主轴低速空运转 1～2min，使润滑油散布到各需要之处（冬天更为重要），等车床运转正常后才能开始工作。

（5）工件安装必须牢固，夹紧时必须用加长套筒，禁止用锤击。滑丝的卡爪不得再用。开始吃刀时切削用量不能太大，按照材料的软硬选择合适的切削量。

（6）严禁在车床转动的情况下，进行检查、修理、紧固等操作。紧固、检查、度量工件或更换刀具时，必须停车进行。

（7）严禁戴手套操作机床，清除铁屑时必须用工具进行，不准用手直接清理，以防划伤。

（8）绝对禁止用手直接刹车。

（9）使用车床快速电动机时，应严格执行电动机的设备使用规程。

（10）使用天车装卸大工件时，必须严格执行天车工安全技术操作规程。吊具安全可靠，捆绑牢固指挥合理，人始终站在安全位置，躲开重物，稳起、稳运、稳装、稳落，不准开车装卸卡盘，装卸工件后立即取下扳手。

（11）变换齿轮手柄时，必须停车进行。暂时离开机床也必须停车、断电。不准将开动着的机床交给不懂车床性能的人代看。

（12）车床所用的辅助工具，不得随便代用或换用。

（13）加工细长工件要使用顶尖、跟刀架。车头前面伸出部分不得超过工件直径的 5～7 倍，床头后边伸出超过 500mm 时，必须加托架。必要时装设防护栏杆，禁止他人靠近。

（14）用锉刀光工件时应右手在前，左手在后，身体离开卡盘。严禁用砂布裹在工件上磨光，用砂布磨光工件时应比照用锉刀的方法成条状压在工件上。

（15）车内孔时不准用锉刀倒角。用砂布光内孔时用工具操作，不准将手指或手臂伸进孔中打磨。

（16）加工偏心工件时，必须加平衡铁，并要坚固牢靠，刹车不要过猛。

（17）攻丝或套丝必须用专用工具，不准一手扶丝架（或扳牙架）、一手开车。

（18）切大料时应留有足够的余量，卸下后再砸断，以免料掉下伤人。小料切断时，不准用手接。

（19）不允许在卡盘上及床身导轨上敲击或校直工件，床面上不准放置工具或工件。

（20）使用切削液时，要在车床导轨上涂上润滑油。冷却泵中的切削液应定期调换。

（21）工作结束后，及时清理工、卡、量具及设备卫生，并按规定在加油部位加上润滑油。将托刀架退到机床尾部，各转动手柄放到空挡位置，关闭电源。

（22）将本班设备运转和安全生产情况认真记入交接班簿，详细向下班交班。

11．铣工应注意哪些安全事项？

（1）在开始切削时，铣刀必须缓慢地向工件进给，切不可有冲击现象，以免影响机床精度或损坏刀具刃口。

（2）加工工件要垫平、卡紧，以免工作过程中，发生松脱造成事故。

（3）调整速度和变向，以及校正工件、工具时均需停车后进行。

（4）工作时不应戴手套。

（5）随时用毛刷清除床面上的切屑，清除铣刀上的切屑要停车进行。

（6）铣刀用钝后，应停车磨刃或换刀，停车前先退刀，当刀具未全部离开工件时，切勿停车。

12. 铣工应遵守哪些安全操作规程？

（1）上岗前劳保用品必须穿戴齐全。长发必须戴入帽内，严禁戴手套作业。操作者必须是经过安全技术培训并取得合格证者。徒工无师傅监护不准独立操作。由班长组织开好班前会，布置生产及安全工作。

（2）开车前应转动摇把，检查机床各部件是否灵活，安全设施是否牢靠，发现问题及时处理，确认一切正常后方可工作。

（3）加工大工件时，必须用起重设备或找他人协助进行。使用天车时一定要遵守天车工安全技术操作规程，捆绑牢固，指挥合理，始终站在安全位置，躲开重物，稳起、稳运、稳落，严防砸伤事故。

（4）工件放在床面之前，应及时清除工件上的油泥和毛刺，防止划伤床面。

（5）紧固工件时，一定注意以下事项。

① 不准在工作物下面旋转任何东西。

② 固定螺栓要尽量靠近工作物，使夹具能直接与工件成直角。

③ 检查螺钉丝扣是否有毛病，如有障碍立即排除。

④ 安放工件时必须使工作台离开铣刀，安装好后应检查紧固情况。

（6）装立铣刀时台面应垫木板，禁止用手去托刀盘。装平铣刀用扳手扳螺母时，要注意扳手开口选用适当，用力不可过猛，防止滑倒。

（7）加工青铜、生铝及铸铁件时，必须戴好防护眼镜。

（8）严禁用手摸或用棉纱擦试正在转动的刀具和机床的转动部位。

（9）对刀时必须慢速进刀，刀接近工件时需要用手摇进刀，不准快速进刀。正常走刀时不准停车。铣深槽时要停车退刀。快速进刀时要防止手柄伤人。

（10）高速切削时必须装防护挡板，工作台上不准放工、卡、量具及其他物件。切削中头、手不得接近铣削面。卸工件时必须移开刀具后进行。

（11）清除切屑时必须用刷子，严禁用手直接清理。严禁用嘴吹或压缩空气吹。

（12）有下列情况之一者应停车。

① 不分时间长短离开铣床时。

② 突然停电时，各手柄应放零位。

③ 清洗切屑或加油润滑时。

④ 更换工具、工件、刀具、维修、调正或紧固螺栓时。

⑤ 用特殊工具测量工件时。

⑥ 安装、拆卸工件或刀具时。

⑦ 清除夹钳碎屑或检查加工角度时。

（13）检修机床时必须停车，应切除有关动能，挂禁动牌，专人负责停送。

（14）工作完毕后，清除切屑，收拾工、卡、量具，打扫周围卫生，填写交接记录。

13. 数控车工应遵循哪些安全操作规程？

（1）使用机床前，必须穿戴好防护用品，戴好防护眼镜、工作帽，女工的发辫不要露出工作帽外。不准戴手套、围巾，防止卷入机床旋转部分发生事故。工作服不能敞开，身上，袖口的纽扣必须扣好。

（2）操作者必须熟悉机床使用说明和机床的一般性能、结构，严禁超性能使用。开机前应检查设备各部分是否完整，正常机床的安全防护装置是否牢靠。

（3）按润滑图表规定加油保证润滑系统清洁。油箱、油眼不得敞开。经常观察油标、油位，采用规定的润滑油及油脂，及时调整轴承和导轨间隙。

（4）装夹工件要牢固可靠，紧固扳手应及时取下。

（5）操作者必须严格按照数控车床的操作步骤操作，多人上机时，一人操作，其他人员不准私自乱动机床。

（6）按键时要用力适度，不得用力拍打键盘和按键显示屏。

（7）严禁敲打中心架、顶尖、刀架、导轨。刀具、量具、工件等禁止乱摆乱放，应放到指定工作架上。不允许在机床工作面及导轨面上敲击物件。

（8）如遇刀具断裂，马达机床发生不正常声音或漏电及操作发生故障时，应立即停车并报告相关人员进行排除。

（9）操作者离开机床、测量尺寸、调整工件时要停车。操作过程中必须要集中精力，不准与别人聊天、打闹。

（10）用钩子和刷子清理机床上的切屑，不准用手直接清除切屑。

（11）机床自行运转加工时，应关闭防护门，不允许离开，应注意观察机床情况，同时将左手应放在程序停止按钮上，右手放在进给倍率旋钮上，控制刀架的快慢，以便出现问题及时停车，保证机床和刀具的安全。

（12）机床正常运转时，不允许开电气柜的门，禁止随意按下急停按钮和复位按钮。

（13）非电气维修人员不得随意动电气部分，更不得随意修改数控系统参数。

（14）工作完毕后，应使机床各部分处于原始状态，切断机床电源后再切断总电源，做好机床清扫工作，保持机床、车间干净并对机床加润滑油。

14. 数控铣（加工中心）工应遵循哪些安全操作规程？

（1）使用机床前，必须穿戴好防护用品，戴好防护眼镜、工作帽，女工的发辫不要露出工作帽外。不准戴手套、围巾，防止卷入机床旋转部分发生事故。工作服不能敞开，身上，袖口的纽扣必须扣好。

（2）开机前认真检查电网电压、气源电压，润滑油和冷却油位是否正常，不正常时严禁开机。

（3）机床启动后，先检查电气柜、冷却风扇和主轴系统是否正常工作，不正常时，立即关机，及时报告相关人员进行检修。

（4）开机后先进行机床 z 轴回零后，再进行 x 轴、y 轴回零（有的还需要对刀库进行回零操作）。回零过程中注意机床各轴的相对位置，避免回零过程中发生碰撞。

（5）手动操作时，操作者事先必须设定、确认好手动进给倍率、快速进给倍率，操作过程中时刻注意观察主轴所处位置及按键所对应的机床轴的运动方向，避免主轴及主轴上的刀具与夹具、工件之间发生干涉或碰撞。

（6）认真仔细检查程序编制、参数设置、动作顺序、刀具干涉、工件装夹，开关保护等环节是否正确无误，并进行程序检验，调试完程序后做好保存，不允许运行未经检验和内容不明的程序。

（7）在手动进行工件装夹和换刀时，要将机床处于锁位状态，其他无关人员禁止操作数控系统面板；工件及刀具装夹要牢固，完成装夹后要立即拿开调整工具，并放回指定位置，以免加工时发生意外。

（8）机床运转中，操作者不得离开岗位，当出现报警，发生异常声音、夹具松动等异常情况时必须立即停车，保护现场，及时上报，做好记录，并进行相应处理。

（9）工作完毕后及时清理切屑并擦拭机床，若使用气枪或油枪清理切屑时，主轴上必须有刀；禁止用气枪或油枪吹主轴锥孔，避免切屑等微小颗料、杂物被吹入主轴孔内，影响主轴清洁度。

（10）关机时，依次关掉机床操作面板上的电源和总电源，并认真填写好使用记录。

（11）工作完毕，清理卫生、切断电源、打扫机床，并对机床加润滑油。

15．数控线切割机床安全操作规程有哪些？

（1）数控加工设备属贵重设备，使用者须经专门培训。

（2）启动数控线切割机床系统前必须仔细检查以下各项。

① 所有开关应处于非工作的安全位置。

② 机床的冷却系统应处于良好的工作状态。

③ 钼丝应处于导丝轮槽内，钼丝的张紧力应合适。

④ 检查工作台区域有无其他杂物，确保工作台运行畅通。

（3）程序输入前必须严格检查程序的格式、代码及参数选择是否正确。

（4）程序输入后必须首先进行加工轨迹的模拟显示，确定程序正确后，方可进行加工操作。

（5）启动前应注意检查以下各项。

① 检查工件是否压紧。

② 检查工件的切割尺寸是否留有余量，以免钼丝割伤工作台。

③ 调整好滚丝轮正反转的运行限位。

（6）操作数控线切割机床进行加工时应注意以下各项。

① 启动机床后首先检查电极放电是否正常，电路有无报警。

② 调整冷却液的流量，检查切割液有无滴漏。

③ 操作时必须保持精力集中，发现异常情况要立即停车及时处理，以免损坏设备。

④ 装卸工件禁止用重物敲打机床部件。

（7）工作完后，应切断电源、清扫切屑、擦净机床，在导轨面上加注润滑油，将各部件调整到正常位置，打扫现场卫生，填写设备使用记录。

16. 数控电火花机床安全操作规程有哪些？

（1）要注意开机的顺序，先按进油冷却按钮，调整液面高度、工作液流量，是否对着工件冲油，再按放电按钮进行加工。

（2）放电加工正在进行时，不要同时触摸电机与机床，防止触电。

（3）加工时应调好加工放电规定参数，防止异常现象发生。

（4）操作时必须保持精力集中，发现异常情况（积碳、液面低、液温高、着火）要立即停止加工及时处理，以免损坏设备。

（5）禁止用湿手、污手按开关或接触计算机操作键盘等电器设备。

（6）一切工具、成品不得放在机床面上。

（7）操作者离开机床时，必须停止机床的运转。

（8）操作完毕必须关闭电气，清理工具，保养机床，打扫工作场地。

17. 刨床工应遵守哪些安全操作规程？

（1）开车前，必须把平衡面上及周围有防碍的东西消除掉，检查夹具压板、螺丝，夹牢工件后，方能工作。

（2）使用的各种压板、垫铁必须平整无裂纹，压板不准用铸铁或未经淬火的钢材。

（3）机床运转中，切勿将手伸入床面和刀身行程范围内。在滑枕运动范围内，禁止站人。滑枕的最大行程应距离墙壁 0.7m，以防挤伤人。

（4）对好进刀行程后，紧好限位保险，取下摇把，方准开车。开始工作时，要将刀具提高，然后进行吃刀。刨床开车后，不准装卸工具和工件。

（5）工作中发现工件松动、声音不正常时或装刀、换刀进行工件表面检查、测量尺寸时，必须停车。

（6）禁止脚蹬工作台或蹲在刨床工作台上工作，如有事离开，必须在停车后，方可离开。

（7）刨床的床面、床下，不准放置任何工具或其他物品。如有物品掉落时，必须先停车后再取出。

（8）装卸工件时，要注意轻放，导轨面和滑槽中不准掉入任何物件。

（9）必须用刷子消除铁屑，不准用手擦除或嘴吹。

18. 磨床工应遵守哪些安全操作规程？

（1）操作前要穿紧身防护服，袖口扣紧，上衣下摆不能敞开，严禁戴手套，不得在开动的机床旁换衣服，或围布于身上，防止机器绞伤。必须戴好安全帽，辫子应放入帽内，不得穿裙子、拖鞋。

（2）开车前应先检查各操作手柄是否已退到空挡位置上，然后空车运转，并注意各润滑部位是否有油，空转数分钟，确认机床情况正常再进行工作。

（3）装卸重大工件时应先垫好木板及其他防护装置，工作时必须装夹牢固，严禁在砂轮的正面和侧面用手拿工件磨削。

（4）开车后应站在砂轮侧面，砂轮和工件应平稳地接触，使磨削量逐渐加大，不准骤然加大进给量。细长工件应用中心架，防止工件弯曲伤人。停车时，应先退回砂轮后，方可停车。

（5）调换砂轮时，必须认真检查，砂轮规格应符合要求、无裂纹，响声清脆，并经过静平衡试验，新砂轮安装时一般应经过二次平衡，以防产生震动。安装后应先空转 3～5min，确认正常后，方可使用。在试转时，人应站在砂轮的侧面。

（6）磨平面时，应检查磁盘吸力是否正常，工件要吸牢，接触面较小的工件，前后要放挡块、加挡板，按工件磨削长度调整好限位挡铁。

（7）加工表面有花键、键槽或偏心的工件时，不能自动进给，不能吃刀过猛，走刀应缓慢，卡箍要牢。使用顶尖时，中心孔和顶尖应清理干净，并加上合适的润滑油。

（8）开动液压传动时，必须进给量恰当，防止砂轮和工件相撞，并要调整好换向挡块。

（9）砂轮不准磨削铜、锡、铅等软质工件，用金刚钻磨削砂轮时，刀具要装牢固，刀具支点与砂轮间距尽量缩小，进刀量要缓慢进给。

（10）工作完毕停车时，应先关闭冷却液，让砂轮运转 2～3min 进行脱水，方可停车。然后做好保养工作，用刷子清除铁屑灰尘，润滑加油，切断电源。

19．冲压设备安全操作规程的主要内容有哪些？

在冲压设备上进行操作时，操作人员应遵守以下安全操作规程。

（1）开始操作前，必须认真检查防护装置是否完好，离合器制动装置是否灵活和安全可靠。应把工作台上的一切不必要的物件清理干净，以防工作时振落到脚踏开关上，造成冲床突然启动而发生事故。

（2）冲小工件时，不得用手，应该有专用工具，最好安装自动送料装置。

（3）操作者对脚踏开关的控制必须小心谨慎，装卸工件时，脚应离开脚踏开关。严禁外人在脚踏开关的周围停留。

（4）如果工件卡在模子里，应用专用工具取出，不准用手拿，并应将脚从脚踏板上移开。

20．镗床工应遵守哪些安全操作规程？

（1）工件的安置，应使工作台受力均匀，毛坯面不准直接放到工作台面上，装夹用的垫板、压板等必须平正。

（2）拆卸带锥度的刀具时，须用标准楔冲下，不准用其他工具随意敲打。

（3）使用镗杆制动装置时，应在镗杆惯性转速降低后再进行。

（4）不准同时作两个以上的机构运动，如主轴箱升降时，不准移动镗杆。

（5）不准用机动对刀，当刀具快接近工件时，应改为手动。

（6）使用花盘径向刀架作径向进给时，镗杆应退回主轴箱内，同时径向刀架不准超出极限。

（7）机床上的光学装置或清密刻度尺，应小心使用，目境用后应将盖子盖住，保持目境和刻度尺清洁。不准用一般布料和不清洁的擦料擦拭，不准任意拆卸和调正光学装置和刻度尺。

（8）在主轴旋转时，主轴与主轴套筒的间隙随温升而缩小，操作时要特别注意，若主轴移动困难时，必须立即停车，待一段时间湿度下降间隙恢复增大后再工作。

（9）严禁利用工作台面或落地镗床的大平台面，进行其他作业，如校正工件或焊接工件等。

（10）工作后，将工作台放在中间位置，镗杆退回主轴内。

认真执行下述有关特殊规定。

（1）T68，T611 镗床

① 主变速手柄及走刀变速手柄未扳转到 180° 时，不准回转的柄。当主轴降到最低转数时，方准将手柄推下。

② 将工作台回转 90° 时，不准用力过大撞击定位挡铁。

（2）BFT-13CW1 镗床

① 镗孔时，镗杆伸出长度不得超过 500mm。使用花盘和径向刀架时，转数不得超过 180r/min。只有径向刀架在平衡的情况下，转数才能提高到 250r/min。

② 主轴连续运转的情况下，最高转速不得超过 350r/min。若工作需要使用最高速时，其连续运转时间不得超过 30min。

③ 往加油器中加油时，绝不允许加到红色指标线以上。

（3）T6216 落地镗床

① 当花盘紧固在空心轴上时，旋转速度不易太高，用径向刀架时不得超过 120r/min，径向刀架在“0”位时不得超过 200r/min。

② 当花盘脱开后，不准再将花盘脱开开关向右扳动，防止主轴回转时径向刀架产生移动。

21．钳工应注意哪些安全事项？

（1）钳工所用的工具，在使用前必须进行检查。

（2）钳工工作台上应设置铁丝防护网，在錾凿时要注意对面工作人员的安全，严禁使用高速钢做錾子。

（3）用手锯锯割工件时，锯条应适当拉紧，以免锯条折断伤人。

（4）使用大锤时，必须注意前后、左右、上下的环境情况，在大锤运动范围内严禁站人，不允许使用大锤打小锤，也不允许使用小锤打大锤。

（5）在多层或交叉作业时，应注意戴安全帽，并注意听从统一指挥。

（6）检修设备完毕，要使所有的安全防护装置、安全阀及各种声光信号均恢复到其正常状态。

22. 钳工应遵循哪些操作规程？

（1）上岗前劳保用品必须穿戴齐全，由班长组织开好班前会，布置生产和安全工作。

（2）操作者必须是经过安全技术培训取得合格征者，徒工无师傅监护不得独立操作。

（3）认真检查设备各部位是否良好，安全装置是否安全可靠，发现问题及时处理。

（4）工作或检修现场以及过道上不准堆放杂物，并及时清除过道上和工作地点的油污、杂物，以防滑倒。

（5）设备、工具在使用前，首先要详细检查，发现问题及时修理，不合格的设备及工具严禁使用。使用砂轮机、钻床、手电钻要遵守该设备的安全使用规程，严禁违章作业。

（6）在机床上钻孔时，严禁戴手套。

（7）用虎钳夹持工件时，只许使用钳口行程的2/3，不得在手柄上套管子或用锤子敲打手柄。

（8）工件超过钳口部分长度时，要加支撑。

（9）禁用有缺陷的木棒做锤柄，禁用有裂纹、卷边及毛刺的锤头，锤柄锤头不得有油污。

（10）不准用高速钢做錾子或冲子，錾子不得短于150mm，錾尾飞边应及时修整，不得淬火。

（11）禁止使用无手柄、无金属箍、有裂纹的锉刀和刮刀。

（12）使用活扳手时，扳手把上不得加套管和用铁锤敲打，要把死面作为着力点，扳手上不得有油脂。

（13）使用起子时，起子平口与螺丝槽口上不得有油污，不准用锤子敲打手柄，使用电动起子要确保有良好的绝缘性。

（14）安装手锯锯条的松紧要适当，锯割时锯条要靠近钳口。

（15）使用手电钻时，电钻外壳须接地线或者接中性保护线，导线不得有破损。

（16）使用砂轮打磨工件时，两侧方向不许站人；暂时不用时，要关闭电源。

（17）工作行灯必须有保护网罩和良好绝缘，电压不得超过36V。

（18）工作完毕后，要清理现场，工件要按定置管理规定摆放整齐，不准占用通道。

23. 钳工常用设备的安全操作规程有哪些？

（1）台虎钳的安全操作规程

① 夹紧工件时只允许依靠手的力量扳紧手柄，不能用手锤敲击手柄或随意套上

长管扳手柄，以免丝杠、螺母或钳身因受力过大而损坏。

② 强力作业时，应尽量使力朝向固定钳身，否则丝杠和螺母会因受到较大的力而导致螺纹损坏。

③ 不要在活动钳身的光滑平面上敲击工件，以免降低它与固定钳身的配合性能。

④ 丝杠、螺母和其他活动表面，都应保持清洁并经常加油润滑和防锈，以延长使用寿命。

（2）砂轮机的安全操作规程

① 砂轮的旋转方向要正确，使磨屑向下飞离，不致伤人。

② 砂轮机启动后，要等砂轮转速平稳后再开始磨削，若发现砂轮跳动明显，应及时停机修整。

③ 砂轮机的搁架与砂轮间的距离应保持在3mm以内，以防磨削件轧入，造成事故。

④ 磨削过程中，操作者应站在砂轮的侧面或斜侧面，不要站在正对面。

（3）钻床的安全操作规程

① 操作钻床要求穿紧身服、戴安全帽，袖口紧扣，上衣下摆不能敞开，严禁戴手套，不得在开动的机床旁穿换衣服，防止机器绞伤。长发辫子应盘扣在安全帽内。

② 开车前应检查机床传动是否正常，工具、电气、安全防护装置，冷却液、挡水板是否完好，钻床上保险块、挡块不准拆除，并按加工情况调整使用。

③ 摇臂钻床在校夹或校正工件时，摇臂必须移离工件并升高，刹好车，必须用压板压紧或夹住工作物，以免回转甩出伤人。

④ 钻床床面上不要放杂物，换钻头、夹具及装卸工件时须停车进行。带有毛刺和不清洁的锥柄，不允许装入主轴锥孔，装卸钻头要用楔铁，严禁用手锤敲打。

⑤ 钻小的工件时，要用台虎钳，钳紧后再钻。严禁用手去停住转动着的钻头。

⑥ 薄板、大型或长形的工件竖着钻孔时，必须压牢，严禁用手扶着加工，工件钻通孔时应减压慢速，防止损伤平台。

⑦ 机床开动后，严禁戴手套操作，清除铁屑要用刷子，禁止用嘴吹。

⑧ 钻床及摇臂转动范围内，不准堆放物品，应保持清洁。

⑨ 作业完毕后，应切断电源，卸下钻头，主轴箱必须靠近端，将横臂下降到立柱的下部边端，并刹好车，以防止发生意外。同时清理工具，做好机床保养工作。

24．手电动工具安全操作规程有哪些？

（1）使用前检查工具各部分是否良好，必须安全可靠方准使用。操作时精力集中，不准与他人闲谈。未经安全技术教育，不懂电动工具性能的人员，不准使用该类工具。

（2）使用手持电动工具应根据不同类别、性能和用途使用，不可滥用。电工具应由专职人员定期检查和维护，定期测量电工具的绝缘电阻。使用合格的插头，切勿将电线直接插入插座内，也不能任意调换电源线的插头。拔出插头时，应以手紧握插头，严禁拉扯电线。电动工具的防护装置（如防护罩、盖）不得任意拆卸。

（3）电动工具接线必须由电工进行。所有手电动工具均应有坚固的接地，时刻检查进线处导线，有折断或磨损时，应立即更换。

（4）不得将12V和36V手电动工具和手提灯接在220V和380V的电源上或插入插销内。使用220V的手电动工具时，必须使用绝缘用品（绝缘鞋、手套、橡胶板等）。

（5）所用手电动工具及手提灯，必须用通用橡套软电缆，不能用其他导线代替。每月必须由电工对导线进行一次绝缘电阻的测量，导线不得与热物、潮湿物、水和油接触。

（6）停止工作时，将开关关闭，离开现场应将电源切除。

（7）使用手电动砂轮，应戴眼镜。操作时避开正面，防止崩伤人。砂轮磨损接近法兰垫片时，禁止使用。

（8）手提灯必须使用12～36V低压安全灯。

（9）工作完毕及时关停电源，按规定位置摆放。填写好原始记录，若分班生产使用遇重要事应与下班当面交接清楚。

25. 车间电气设备维修与操作应注意哪些安全问题？

（1）电工作业时，要按规定穿戴防护用品，使用合格的绝缘工具。

（2）进行停电检修作业时，应按规定停电，开关处要挂有“有人工作，禁止合闸”的警告牌，确认无电后才能工作。

（3）对车间配电干线进行合闸、拉闸时，应由电气值班人员执行。各机组的供电线由机组有关工作人员进行操作，但操作人员应受过电气安全技术教育和熟悉该机组及电器设备性能。

（4）在配电箱、母线、吊车线以及其他较复杂的低压设备上进行检修和安装工作，应由两人进行，一人工作，一人监护。检修时，对带电部分，应保持一定的安全距离，如果距离达不到安全要求，必须设法隔离，以免触及。

（5）保护电气设备的保护装置动作后，应查明故障原因，消除故障后，方可恢复保护装置或更换保险丝。

（6）测量电动转速时，应在没有装皮带轮的一端进行。如因地点限制，必须在该端进行时，应使用长柄转带表，但要注意安全，以免皮带伤人。

（7）在检查机电设备故障原因不明时，未查出事故情况，必须与该机操作人员密切配合，操作检查试验，以免发生设备或人身事故。

（8）在高空检修天车时，必须注意轨道上是否有人，以及下面过路人员的安全，并严格遵守下列规定。

① 必须有两人进行工作。

② 必须断开来自下面的一切电源开关（拉开开关，拔去保险），并挂上“有人工作，禁止合闸”的警告牌。必要时派人守护，如需通电检查故障或试车时，应设专人上下联系，才能进行操作。

③ 参加检修的工作人员要互相照顾，加强联系，服从工作负责人的统一指挥。

④ 如须对吊车、行车进行试车，在合闸前应先得到吊车、行车上检修人员的通知后，工作负责人下命令，下面才许合闸送电。

⑤ 维护人员必须注意吊车上电气设备及绳索等是否有松脱现象，检查所有部件、器材不得遗留在吊车上。

⑥ 电气设备着火，应使用干粉灭火器、二氧化碳灭火器、1211 灭火器灭火。

事故案例

安全设施不齐全，事故必然会出现。
工作一马虎，就会出事故，经济受损失，个人受痛苦。
事故，对粗心人是逗号，对严谨者则是句号。

案例 1 工作服没系上纽扣 造成死亡

1．事故概述

2003 年 12 月 17 日深夜 1 点 30 分，位于飞云镇南港村工业点的浙江华康纸业有限公司造纸车间内，造纸机操作工陈章凯、王红丙、张林军、戴伟忠等人在造纸车间上夜班，陈章凯和张林军共同操作一台复卷机。陈章凯在调节复卷机滚筒时，由于工作服的纽扣没有扣上，在调节滚筒时衣角被复卷机调节支架的固定螺钉钩住，由于螺钉随着机器转动，转速每分钟可达几百转，因此陈章凯随即被机器拉了进去，甩在机器的旁边，头撞在复卷机的起重葫芦支架上，由于伤势过重，抢救无效于当天深夜 2 时多死亡。

2．事故原因

（1）直接原因：按照有关规定，员工上班时要穿戴好防护用品，服装必须紧身灵便，不得飘荡；复卷机运转时，滚筒后面不准站人。死者陈章凯违反安全操作规程违章作业，上班时工作服没系上纽扣，且在调节滚筒时没有站在滚筒的侧面，而是站在滚筒的后面，以致衣角被运转中的螺丝钩住，人被带进后甩出，导致事故发生。

（2）间接原因：浙江华康纸业有限公司负责人安全生产意识淡薄，安全管理制度不健全，安全管理措施执行不到位，对职工安全教育不严，导致职工安全生产意识淡薄，违反劳动保护制度和操作规程。

案例 2　违反规定戴手套　造成伤害

1．事故概述

2002 年 4 月 23 日，陕西一煤机厂职工小吴正在摇臂钻床上进行钻孔作业。测量零件时，小吴没有关停钻床，只是把摇臂推到一边，就用戴手套的手去搬动工件，这时，飞速旋转的钻头猛地绞住了小吴的手套，强大的力量拽着小吴的手臂往钻头上缠绕。小吴一边喊叫，一边拼命挣扎，等其他工友听到喊声关掉钻床，小吴的手套、工作服已被撕烂，右手小拇指也被绞断。

2．事故原因

从事机械加工的人员，必须穿戴好防护用品，上衣要做到“三紧”，女工要戴好工作帽。不许戴手套。小吴违反安全操作规程，在操作旋转机械时戴手套而引发了这场事故，给自身带来了伤害。

案例 3　不穿工作服　造成伤害

1．事故概述

1999 年 9 月，某厂金工车间青年女钻工谢某，因为她要去开会，便提前脱掉工作服，换上了她自己的紧腰宽边的漂亮衬衫后，戴上布手套，打算赶紧在立式钻床上再干最后一件活。当谢某准备变换主轴速度时，降温电风扇把她的衬衫吹起被绞入转动着的钻头上，谢某用右手去拦被绞住的衬衫时，右手套也被钻头绞住，随着手臂被带入主轴，幸亏邻近的同事发现及时，立即切断电源，谢某右手手臂被绞三处骨折，造成重伤。

2．事故原因

戴好工作帽、穿好工作服、严禁戴手套操作是钻工安全操作规程。谢某未穿工作服，又戴手套操作，忽视了安全生产造成了这起事故。

案例 4　未制定安全措施　致他人死亡

1．事故概述

1998 年 5 月 19 日，江苏省一个个体机械加工厂，车工郑某和钻工张某两人在一个仅 $9m^2$ 的车间内作业，他们的两台机床的间距仅 0.6m，当郑某在加工一件长度为

1.85m的六角钢棒时，因为该棒伸出车床长度较大，在高速旋转下，该钢棒被甩弯，打在了正在旁边作业的张某的头上，等郑某发现立即停车后，张某的头部已被连击数次，头骨碎裂，当场死亡。

2．事故原因

在机械作业中，各种机械设备都有一定的安全作业空间，机械设备之间安置不能太过紧密，否则，在一台机械工作时，其危险的工件等物会对临近的机械操作人员造成伤害。上面这个例子就是因为作业环境狭小，进行特殊工件加工时，没有专门的安全措施和防护装置而引发的伤害事故。

案例5　违反劳动纪律　造成严重伤害

1．事故概述

2001年8月17日下午，河北某机械厂职工李某正在对行车起重机进行检修，因为天气热，李某有点发困，他就靠在栏杆上休息，结果另一名检修人员开动行车，李某没注意，身体失去平稳而掉下，结果造成严重摔伤。

2．事故原因

工作中，我们可能会经常做一些不安全的行为，有一些行为可能是不经意和习惯做出的，就是这些小小的习惯行为，有时会造成终生的后悔，甚至是付出生命的代价。上述这个案例就是违反劳动纪律，在工作岗位上休息引起的伤害事故。

案例6　精神不集中　坠落摔死

1．事故概述

2001年7月，某厂金工车间搬运工张某，参加自制的10t行车走台板的安装工作。工作开始一会儿，便在行车上打瞌睡，组长叫他下行车休息一阵后，又上行车走台板。由于他思想不集中，脚踏在未焊接的钢板上，使他从离地面8.6m高的行车走台板处随同钢板一道坠落地面，造成严重脑震荡和胸背部挫伤，后转为急性肺炎，经抢救无效死亡。

2．事故原因

没有休息好，思想情绪不稳定的，有高处作业禁忌证的人，不准从事高处作业。在高处工作思想要集中，自己所处的位置移到新的工作位置时，必须对新工作位置的上、下、左、右、前、后进行检查，确信安全后，才可进行新的位置工作。在高处工作不准向后倒退行走。在工作中头脑要冷静，遇有情况，不可惊慌，防止采取错误措施。上述死亡案例就是因为没有休息好，思想情绪不稳定造成的。

案例7 不用取放工具 造成伤害

1．事故概述

1998年10月，某厂冲压车间吴某，在60t冲床上冲件时，不用取放工具，而直接用手取放工件，吴某的手还未从冲头底下退出时，制动机构突然失灵，冲头下降，把吴某右手食指冲掉一节，中指冲掉2节，造成重伤事故。

2．事故原因

吴某不用取放工具，用手直接放取工件，制动机构失灵造成断指事故。操作者要增强安全意识，严格遵守操作规程，严禁用手直接放取工件。企业要对冲床进行安全检查，特别是制动机构的检查，发现失灵，要立即检修，确保冲床处于安全运行状态。

案例8 擅自上机操作 伤害自己

1．事故概述

2000年11月28日，河南省某化肥厂机修车间，1号Z35摇臂钻床因全厂设备检修，加工备件较多，工作量大，人员又少，工段长派女青工宋某到钻床协助主操作工干活，往长3m直径75×3.5不锈钢管上钻直径50的圆孔。28日10时许，宋某在主操师傅上厕所的情况下，独自开床，并由手动进刀改用自动进刀，钢管是半圆弧形，切削角矩力大，产生反向上冲力，由于工具夹（虎钳）紧固钢管不牢，当孔钻到2/3时，钢管迅速向上移动而脱离虎钳，造成钻头和钢管一起作360°高速转动，钢管先将现场一长靠背椅打翻，再打击宋某臀部并使其跌倒，宋某头部被撞伤破裂出血，缝合5针，骨盆严重损伤。

2．事故原因

（1）造成事故的主要原因是宋某违反了原化学工业部安全生产《禁令》第八项“不是自己分管的设备、工具不擅自动用”的规定。因为直接从事生产劳动的职工，都要使用设备和工具作为劳动的手段，设备、工具在使用过程中本身和环境条件都可能发生变化，不分管或不在自己分管时间内，可能对设备性能变化不清楚，擅自动用极易导致事故。

（2）宋某参加工作时间较短，缺乏钻床工作经验，对钻床安全操作规程不熟：①“应用手动进刀，不该改用自动进刀”；②工件与钢管紧固螺栓方位不对，工件未将钢管夹紧；③宋某工作中安全观念淡薄，自我防范意识不强。

第六篇 焊接（切割）安全知识

安全知识

安全上一丝不苟，质量上毫厘不差。
安全是企业最大的效益。
生产不忘安全，工作确保质量。

1. 焊工触电的危险因素主要有哪些？如何预防人身触电？

焊工触电的危险因素主要有：（1）易导电的焊接作业现场环境（如潮湿，人体电阻下降；金属容器四周都是导体，焊机空载电压高于安全电压）；（2）焊接设备、工器具漏电等；（3）触电的发生主要是操作中违反有关安全管理规程、规定，造成人体与导电体相接触而引起的，所以，使用电焊机施焊作业时应特别注意预防人身触电伤害。

针对触电的防范措施主要有：在金属容器内及其他金属结构上的焊接，或在潮湿的环境中焊接，更要加强个人防护，必须穿绝缘鞋、戴皮手套、垫上橡胶板或其他绝缘衬垫，并设监护人员，遇到危险时可以立即切断电源；操作中严禁随意接触导电体，尤其是身体出汗衣服潮湿时更要注意；在工作前养成安全检查的良好习惯，先检查接地、接零装置是否完好可靠，然后检查绝缘防护是否到位和接触部位是否可靠绝缘；在进行改变焊机接头、改接二次回路线、搬动焊机、更换熔丝、检修焊机等工作时，应先切断电源，然后才能进行其他工作。

2. 焊接生产中可能发生哪些伤害？

在焊接过程中，焊工要经常接触易燃、易爆气体，有时要在高空、水下、狭小空间进行工作；焊接时产生有毒气体、有害粉尘、弧光辐射、噪声、高频电磁场等都对人体造成伤害。焊接现场有可能发生爆炸、火灾、烫伤、中毒、触电和高空坠落等工伤事故。焊工在作业中也可能受到各种伤害，引起矽肺病、血液疾病、慢性中毒、电光性眼病和皮肤病等职业病。焊工属于特种作业人员，必须经过安全培训并考试合格后方允许独立上岗操作。

3．在焊接生产过程中应如何防护？

焊接的辐射危害有：可见强光、不可见红外线和紫外线等，除电子束焊接会产生 X 射线外，其他焊接作业不会产生影响生殖机能一类的辐射线。气焊和电焊时可用护目玻璃，减弱电弧光的刺目和过滤紫外线和红外线。

电弧焊时，弧光最强，辐射强度也最大，紫外线强度达到一定程度后，会产生臭氧，工作时除要带护目眼镜外，还应戴口罩、面罩，穿戴好防护手套、脚盖、帆布工作服。

焊接过程中，由于高温使焊接部位的金属、焊条药皮、污垢、油漆等蒸发或燃烧，形成烟雾状的蒸汽、粉尘，会引起中毒。有色金属的烟雾，一般都有不同程度的危害，如人体吸入这些烟雾后会引起锰中毒。因此，在焊接时必须采用有效措施，如戴口罩、装通风或吸尘设备等；采用低尘少害的焊条；采用自动焊代替手工焊。

高频电磁场是高频振荡器产生的，振荡器的输出频率为 150kHz～260kHz，电压为 2 000V～3 000V，以帮助引燃电弧。高频电磁场会使人头晕、疲乏，应采取如下防护措施：减少高频电磁场的作用时间，引燃电弧后立即切断高频电源，焊炬和焊接电缆用金属编织线屏蔽，焊件接地。

4．焊工在焊接时应注意哪些事项？

（1）防止飞溅金属造成灼伤和火灾。

（2）防止电弧光辐射对人体的危害。

（3）防止某些有害气体中毒。

（4）在焊接压力容器时，要防止发生爆炸。

（5）高空作业时，要系安全带和戴安全帽。

（6）注意避免发生触电事故。

5．在进行手工电弧焊接时，在安全技术方面有哪些基本要求？

手工电弧焊接的位置可分为平焊、立焊、横焊和仰焊 4 大类。进行手工电弧焊接在安全技术方面有如下基本要求。

（1）电焊机的外壳和工作台必须有良好的接地。

（2）电焊机空载电压应为 60～90V。

（3）电焊设备应使用带电保险的电源刀闸，并应装在密闭箱内。

（4）焊机使用前必须仔细检查其一、二次导线绝缘是否完整，接线是否绝缘良好。

（5）当焊接设备与电源网路接通后，人体不应接触带电部分。

（6）在室内或露天现场施焊时，必须在周围设挡光屏，以防弧光伤害工作人员的眼睛。

（7）焊工必须配备合适滤光板的面罩、干燥的帆布工作服、手套、橡胶绝缘和清渣防护白光眼镜等安全用具。

（8）焊接绝缘软线不得少于5m，施焊时软线不得搭在身上，地线不得踩在脚下。

（9）严禁在起吊部件的过程中，边吊边焊。

（10）施焊完毕后应及时拉开电源刀闸。

6．“十不焊割”的规定是什么？

（1）焊工未经安全技术培训考试合格、领取操作证，不能焊割。

（2）在重点要害部门和重要场所，未采取措施，未经单位有关领导、车间、安全、保卫部门批准和办理动火证手续的，不能焊割。

（3）在容器内工作没有12V低压照明和通风不良及无人在外监护不能焊割。

（4）未经领导同意，车间、部门擅自拿来的物件，在不了解其使用情况和构造情况下，不能焊割。

（5）盛装过易燃、易爆气体（固体）的容器管道，未经用碱水等彻底清洗和处理消除火灾爆炸危险的，不能焊割。

（6）用可燃材料充作保温层、隔热、隔音设备的部位，未采取切实可靠的安全措施，不能焊割。

（7）有压力的管道或密闭容器，如空气压缩机、高压气瓶、高压管道、带气锅炉等，不能焊割。

（8）焊接场所附近有易燃物品，未作清除或未采取安全措施，不能焊割。

（9）在禁火区内（防爆车间、危险品仓库附近）未采取严格隔离等安全措施，不能焊割。

（10）在一定距离内，有与焊割明火操作相抵触的工种（如汽油擦洗、喷漆、灌装汽油等能排出大量易燃气体），不能焊割。

7．使用焊炬和割炬时要注意哪些安全事项？

焊炬又名焊枪，它的作用是将可燃气体与氧气混合，形成具有一定能量的焊接火焰。割炬又名割刀、切割器，其作用是使氧气与乙炔按比例混合，形成预热火焰，将高压纯氧喷射到被切割的工件上，形成割缝。

（1）按照工件厚薄，选用一定大小的焊、割炬及焊嘴、割嘴。然后按照焊割炬喷嘴的大小，配备氧气和乙炔压力和气流量。装过煤油、汽油或油脂的容器焊接时，应先用热碱水冲洗，再用蒸汽吹洗几小时，打开桶盖，用火焰在桶口试一下，确信已清洗干净后，才能焊接。盛装汽油、煤油、酒精、电石等易燃、易爆物质的容器，禁止焊接（锡焊除外）。不准使用焊炬切割金属。

（2）喷嘴与金属板不能碰撞。

（3）喷嘴堵塞时，应将喷嘴拆下，从内向外用捅针捅开。

（4）注意垫圈和各环节的阀门等是否漏气。

（5）使用前应将停留在管内的空气排除，然后分别开启氧气和乙炔阀门，畅通后才能点火试焊。

（6）焊割炬的各部分不能沾污油脂。

（7）如焊割炬喷嘴超过 400℃，应用水冷却。

（8）点火前，急速开启焊炬（或割炬）阀门，用氧吹风，以检查喷嘴的出口，但不要对准脸部试风，无风时不得使用。为保证安全，最好先开乙炔，点燃后立即开氧气并调节火焰的方法。大功率焊炬点火时，应采用摩擦引火器或其他专用点火装置，禁止用普通火柴点火，以防烧伤。

（9）乙炔和氧气阀如有漏气现象，应及时修理。

（10）使用前，在乙炔管道上应装置岗位回火防止器。

（11）离开岗位时，禁止把点燃着的焊炬放在操作台上。

（12）熄火时，应先关乙炔后关氧气，防止火焰倒袭和产生烟灰。使用大号焊嘴的焊炬在关火时，可先把氧气打开一点，然后关乙炔，最后关氧气，这样做有利于避免回火。交接班或停止焊接时，应关闭氧气和回火防止器阀门。

（13）皮管要专用，乙炔管和氧气管不能对调使用，皮管要有标记以便区别，乙炔皮管是红色，氧气皮管耐压强度高，一般都是蓝色的。

（14）发现皮管冻结时，应用温水或蒸汽解冻，禁止用火烤，更不允许用氧气去吹乙炔管道。

（15）氧气乙炔用的皮管，不要随便乱放，管口不要贴在地面，以免进入泥土和杂质发生堵塞。

（16）焊炬停止使用后，应拧紧调节手轮并挂在适当的场所，也可卸下胶管，将焊炬存放在工具箱内。必须强调指出：停止使用时严禁将焊炬、胶管和气源做永久性连接。不可为使用方便而不卸下胶管，将焊炬、胶管和气源作为永久性连接，并将焊炬随意放置在工具箱内。这种做法容易造成容器或工具箱爆炸或在点火时发生回火。

割炬使用的安全要求，基本同焊炬。此外还应注意以下两点。

（1）在切割开始前，应清理工作表面的漆皮，铁屑和油污等。在水泥路面上切割时应垫高工件，防止锈皮和水泥地面爆溅伤人。

（2）在正常工作停止时，应先关氧气调节手轮，再关乙炔和预热氧气手轮。

8．在焊割作业中，应如何防止回火现象的发生？

回火，指的是可燃混合气体在焊炬、割炬内发生燃烧，并以很快的燃烧速度向可燃气体导管里蔓延扩散的一种现象，其结果可以引起气焊和气割设备燃烧爆炸。

防止回火的主要原理是利用阻火介质将倒回的火焰和可燃气体进行隔开，使火焰不能进一步蔓延。防止回火，在操作过程中应做到以下几点。

（1）焊（割）炬不要过分接近熔融金属。

（2）焊（割）嘴不能过热。

（3）焊（割）嘴不能被金属溶渣等杂物堵塞。

（4）焊（割）炬阀门必须严密，以防氧气倒回乙炔管道。

（5）乙炔发生器阀门不能开得太小，如果发生回火，要立即关闭乙炔发生器和氧气阀门，并将胶管从乙炔发生器或乙炔瓶上拔下。如果乙炔瓶内部已燃烧（白漆皮变黄、起泡），要用自来水冲浇降温灭火。

9. 如何防止在电弧焊作业过程中发生事故？

（1）电焊所用的工具必须安全绝缘，所用设备必须有良好的接地装置，操作人员应穿绝缘胶鞋，戴绝缘手套。如要照明，应该使用36V的安全照明灯。

（2）电焊现场附近不能有易燃易爆物品。如电焊和气焊在同一地点使用时，电焊设备和气焊设备、电缆和气焊胶管应该分离开，相互间最好有5m以上的安全距离。

（3）操作人员必须带防护面罩、穿防护衣服，以防止电焊中的辐射伤害。

（4）操作人员都应戴防护口罩，操作现场应加强通风，以防止有害气体和烟尘的危害。

10. 焊接作业的个人防护措施有哪些？

焊接作业的个人防护措施主要是对头、面、眼睛、耳、呼吸道、手、身躯等方面的人身防护。主要有防尘、防毒、防噪声、防高温辐射、防放射性、防机械外伤等。焊接作业除穿戴一般防护用品（如工作服、手套、眼镜、口罩等）外，针对特殊作业场合，还可以佩戴通风焊帽（用于密闭容器和不易解决通风的特殊作业场所的焊接作业），防止烟尘危害。

对于剧毒场所紧急情况下的抢修焊接作业等，可佩戴隔绝式呼吸器，防止急性职业中毒事故的发生。

为保护焊工眼睛不受弧光伤害，焊接时必须使用镶有特别防护镜片的面罩，并按照焊接电流的强度不同来选用不同的滤光镜片。同时，也要考虑焊工视图情况和焊接作业环境的亮度。

为防止焊工皮肤不受电弧的伤害，焊工宜穿浅色或白色帆布工作服。工作服袖口应扎紧，扣好领口，皮肤不外露。

对于焊接辅助工和焊接地点附近的其他工作人员受弧光伤害问题，工作时要注意相互配合，辅助工要戴颜色深浅适中的滤光镜。在多人作业或交叉作业场所从事电焊作业，要采取保护措施，设防护遮板，以防止电弧光刺伤焊工及其他作业人员的眼睛。

此外，接触钍钨棒后应以流动水和肥皂洗手，并注意经常清洗工作服及手套等。戴隔音耳罩或防音耳塞，防护噪声危害，这些都是有效的个人防护措施。

11. 焊接作业的通风及防火标准是什么？

（1）焊接作业的通风

① 应根据焊接作业环境、焊接工作量、焊条（剂）种类、作业分散程度等情况，采取不同通风排烟尘措施（如全面通风换气、局部通风小型电焊排烟机组等）或采用各种送气面罩，以保证焊工作业点的空气质量符合 TJ36—79《工业企业设计卫生标准》中的有关规定。要避免焊接烟尘气流经过焊工的呼吸带。

② 当焊工作业室内高度（净）低于 3.5m～4m 或每个焊工工作空间小于 200m^3 时，当工作间（室、舱、柜等）内部结构影响空气流动，而使焊接工作点的烟尘及有害气体浓度超过相关规定时，应采取全面通风换气。

③ 全面通风换气量应保持每个焊工 57m^3/min 的通风量。

④ 焊接切割时产生的有害烟尘的浓度应符合车间最高允许浓度规定。

⑤ 采用局部通风或小型通风机组等换气方式，其罩口风量、风速应根据罩口至焊接作业点的控制距离及控制风速计算。罩口的控制风速应大于 0.5m/s，并使罩口尽可能接近作业点，使用固定罩口时的控制风速不少于 1～2m/s，罩口的形式应结合焊接作业点的特点选用。

⑥ 采用下抽风式工作台，使工作台上网格筛板上的抽风量均匀分布，并保持工作台面积抽风量每平方米大于 3 600m^3/h。

⑦ 焊炬上装的烟气吸收器，应能连接抽出焊接烟气。

⑧ 在狭窄、局部空间内焊接、切割时，应采取局部通风换气。应防止焊接空间积聚有害或窒息气体，同时还应有专人负责监护工作。

⑨ 焊接、切割等工作，如遇到粉尘和有害烟气又无法采用局部通风措施时，应采用送风呼吸器。

（2）焊接、切割防火

焊工在焊接、切割中应严格遵守企业规定的防火安全管理制度。根据焊接现场环境条件，分别采取以下措施。

① 在企业规定的禁火区内，不准焊接。需要焊接时，必须把工作移到指定的动火区内或在安全区内进行。

② 焊接作业的可燃、易燃物料，与焊接作业点火源距离不应小于 10m。

③ 焊接、切割作业时，如附近墙体和地面上留有孔、洞、缝隙以及运输皮带连通孔口等部位留有孔洞，都应采取封闭或屏蔽措施。

④ 焊接、切割工作地点有以下情况时禁止焊接与切割作业。

- 堆存大量易燃物料（如漆料、棉花、硫酸、干草等），而又不可能采取防护措施时。
- 可能形成易燃易爆蒸汽或积聚爆炸性粉尘时。
- 在易燃易爆环境中焊接、切割时，应按化工企业焊接、切割安全专业标准有关的规定执行。
- 焊接、切割车间或工作地区必须配有：足够的水源、干砂、灭火工具和灭火器材。存放的灭火器材应经过检验是合格的、有效的。

⑤ 应根据扑救物料的燃烧性能，选用灭火器材。

⑥ 焊接、切割工作完毕应及时清理现场，彻底消除火种，经专人检查确认完全消除危险后，方可离开现场。

12．电气焊工操作规程内容是什么？

（1）电焊（气割、气焊）工须经体检、专业培训后持证上岗。工作前应穿戴好防护用品，认真检查电、气焊设备、机具的安全可靠性，对受压容器、密闭容器、管道进行操作时，要事先检查，对有毒、有害、易燃、易爆物要冲洗干净。在容器内焊割要两人轮换，一人在外监护。照明电压应低于36V。

（2）严格执行“三级防火审批制度”。焊接场地禁止存放易燃易爆物品，按规定备有消防器材，保证足够的照明和良好的通风，严格执行“焊工十不焊割”的规定。

（3）电焊机外壳应有效接地，接地零线及工作回线不准搭在易燃易爆物品上，也不准接在管道和机床设备上。工作回线、电源开关应绝缘良好，把手、焊钳的绝缘要牢固，电焊机要专人保管、维修，不用时切断电源，将导线盘放整齐，安放在干燥地带，决不能放置露天淋雨，防止温升、受潮。

（4）氧气瓶和乙炔瓶应有妥善堆放地点，周围不准有明火作业，更不能让电焊导线或其带电导线在气瓶上通过。要避免频繁移动。禁止易燃气体与助燃气体混放，不可与铜、银、汞及其制品接触。使用中严禁用尽瓶中剩余余气，压力要留有1∶1.5表压余气。

（5）每个氧气和乙炔减压器上只许接一把割具，焊割前应检查瓶阀及管路接头处液管有无漏气，焊嘴和割嘴有否堵塞，气路是否畅通，一切正常才能点火操作。点燃焊割具应先开适量乙炔后开少量氧气，用专用打火机点燃，禁止用烟蒂点火，防止烧伤。

（6）每个回火防止器只允许接一个焊具或割具，在焊割过程中遇到回火应立即关闭焊割具上的乙炔调节阀门，再关氧气调节阀门，稍后再打开氧气阀吹掉余温。

（7）严禁同时开启氧气和乙炔阀门，或用手及物体堵塞焊割嘴，防止氧气倒流入乙炔发生器内发生爆炸事故。

（8）工作后严格检查和清除一切火种，关闭所有气瓶阀门，切断电源。

13．电焊工操作规程内容是什么？

（1）工作前必须检查设备是否完好。水源、电源及接地线必须处于正常状态，并符合工艺要求。

（2）操作者必须戴手套。

（3）操作者应站在绝缘木台上操作，焊机开动，必须先开冷却水阀，以防焊机烧坏。

（4）操作时应戴防护眼镜，操作者眼睛视线必须偏于火花飞溅的方向，以防灼伤眼睛。

（5）严禁用于试电极头球面。

（6）作业区附近不准有易燃、易爆物品。

（7）上下工件要拿稳，工件堆放应整齐，不可堆得过高，并应留有通道。

（8）工作完后，应关闭电源、水源。

14. 手工气焊（割）工操作规程内容是什么？

（1）严格遵守一般焊工安全操作规程和有关橡胶软管、氧气瓶、乙炔瓶的安全使用规则和焊（割）具安全操作规程。

（2）工作前或停工时间较长再工作时，必须检查所有设备。乙炔瓶、氧气瓶及橡胶软管的接头，阀门紧固件应紧固牢靠，不准有松动、破损和漏气现象，氧气瓶及其附件、橡胶软管、工具不能沾染油脂的泥垢。

（3）检查设备、附件及管路是否漏气，只准用肥皂水试验。试验时，周围不准有明火，不准抽烟，严禁用火试验漏气。

（4）氧气瓶、乙炔瓶与明火间的距离应在 10m 以上。如条件限制，也不准低于 5m，并应采取隔离措施。

（5）禁止用易产生火花的工具去开启氧气或乙炔气阀门。

（6）设备管道冻结时，严禁用火烤或用工具敲击冻块。氧气阀或管道要用 40℃的温水溶化；回火防止器及管道可用热沙、蒸汽加热解冻。

（7）焊接场地应备有相应的消防器材，露天作业应防止阳光直射在氧气瓶或乙炔瓶上。

（8）工作完毕或离开工作现场，要拧上气瓶的安全帽，把氧气和乙炔瓶放在指定地点。下班时应立即卸压。

（9）压力容器及压力表、安全阀，应按规定定期送交校验和试验。检查、调整压力器件及安全附件，消除余气后才能进行。

15. 焊工高处作业时必须遵守什么规定?

（1）必须使用标准的防火安全带，并系在可靠的构件上。

（2）必须在作业点正下方 5m 外设置护栏，并设专人监护。必须清除作业点下方区域易燃、易爆物品并设置接火盘。

（3）必须穿戴好个人防护用品。焊接电缆应绑紧在固定处，严禁绕在身上或搭在背上作业。

（4）焊工必须站在稳固的操作台上作业，焊机必须放置平稳、牢固，设有良好的接地保护装置。

16. 气焊作业时应注意的主要安全事项是什么?

（1）高空作业时，氧气瓶、乙炔瓶、液化气瓶不得放在作业区域正下方，应与作业点正下方保持在 10m 以上的距离。

（2）必须清除作业区域下方的易燃物。

（3）不得将橡胶软管背在背上操作。

（4）作业后应卸下减压器，拧上气瓶安全帽，将软管盘起捆好后挂在室内干燥处，检查操作场地，确认无着火危险后方可离开。

（5）冬天露天工作时，如减压阀软管和流量计冻结，应使用热水（热水袋）、蒸汽或暖气设备化冻，严禁用火烘烤。

17．电焊机的放置要求是什么？

电焊机必须放在通风良好、干燥、无腐蚀介质、远离高温高湿和多粉尘的地方。露天使用的焊机应搭设防雨棚，焊机应用绝缘体垫起，垫起高度不得小于 20cm，按规定配备消防器材。

18．焊割生产中存在火灾和爆炸事故的常见原因有哪些？

（1）在焊接、切割作业中，炽热的金属火花到处飞溅引燃可燃物是导致火灾、爆炸事故的主要原因。

（2）焊接、切割时，则会产生电弧，电弧的热传导、热扩散，引燃焊、割件另一端的可燃物着火成灾。

（3）焊、割金属容器时，由于残存的易燃易爆气体和液体未彻底清除，没有采取置换、冲洗和取样分析，就盲目焊、割，往往容易导致爆炸事故的发生。常见的有对汽车油箱、油轮油舱、油桶、乙炔发生器、小型金属容器等的焊、割作业。

（4）对大型油罐、煤气柜等设施进行焊、割作业，往往能引起人员的足够的重视，但对这些大型设施的配套附件如管道、法兰等焊、割作业时容易忽视，从而导致发生火灾爆炸事故。

（5）对临时进行焊、割作业的现场，没有进行认真检查或没有彻底消除可燃物质导致火灾事故发生。

（6）在喷漆、油漆车间或刚喷漆、油漆过的部位进行焊、割作业时容易导致火灾。

（7）在用稻草、软木、木屑、棉、麻、发泡塑料等可燃材料做保温层的冷暖气管道、恒温室、冷藏库内进行焊、割作业时，容易造成火灾事故。

（8）安装或抢修冷却塔时，由于其内部的大量散热片是采用易燃的聚丙烯薄片做成的，当它着火时，冷却塔内通风条件较良好，因而燃烧速度快，易酿成大火。

（9）在易燃可燃液体、气体存在的场所进行电弧焊接时，搭头处冒出的电火花，常常引起燃烧和爆炸。

（10）在气焊、气割时使用的氧气、乙炔气，因泄漏遇焊、割作业明火也常常引起爆炸事故。在焊割过程中经常会遇到回火，回火也能造成乙炔发生器发生强烈爆炸。

19．乙炔瓶使用、储存和运输安全规程是什么？

（1）使用

① 乙炔瓶应装设专用的回火防止器、减压器，对于工作地点不固定，移动较多的，应装在专用小车上。

② 严禁敲击、碰撞和施加强烈的震动，以免瓶内多孔性填料下沉而形成空洞，影响乙炔的储存。

③ 乙炔瓶应直立放置，严禁卧放使用，因为卧放使用会使瓶内的丙酮随乙炔流出，甚至会通过减压器而流入胶皮管，这是非常危险的。

④ 要用专用板手开启乙炔气瓶。开启乙炔瓶时，操作者应站在阀口的侧后方，动作要轻缓。瓶内气体严禁用尽。冬天应留 0.1～0.2MPa，夏天应留有 0.3MPa 的剩余压力。

⑤ 使用压力不得超过 0.15MPa。使用时，当管路中压力下降过低时，应及时关闭焊（割）矩，然后对乙炔发生器和乙炔管路进行认真检查，采取相应措施妥善处理。

⑥ 乙炔瓶体温度不应超过 40℃，夏天要防止暴晒，因瓶内温度过高会降低丙酮对乙炔的溶解度，而使瓶内乙炔的压力急剧增加。

⑦ 乙炔瓶不得靠近热源和电气设备。与明火、散发火花点以及高压电源线的距离一般不小于 5m（高空作业时应按与垂直地面处的两点间距离计算）。

⑧ 瓶阀冬天冻结，严禁用火或者烧红的铁烤，更不准用容易产生火花的金属物体敲击。必要时可用 40℃以下的热水解冻。

⑨ 乙炔减压器与瓶阀之间连接必须可靠，严禁在漏气的情况下使用。否则会形成乙炔与空气的混合气体，一旦触及明火就会立刻爆炸。

⑩ 接于乙炔管路的焊（割）枪或一台乙炔发生器要配两把以上焊（割）枪使用时，每把焊（割）枪必须配置一只岗位回火防止器，禁止共同使用一台岗位回火防止器。使用时要检查，保证安全可靠。

⑪ 严禁放置在通风不良及有放射线的场所使用，且不得放在橡胶等绝缘物上。用时使用的乙炔瓶和氧气瓶应距离 10m 以上。

⑫ 如发现气瓶有缺陷，操作人员不得擅自进行修理，应通知安全督导员送回气体厂处理。

（2）储存

① 使用乙炔瓶的现场，储存量不得超过 5 瓶；超过 5 瓶不超过 20 瓶的，应在现场或车间内用非燃烧或难燃体、墙隔成单独的储存间，应有一面靠外墙；超过 20 瓶，应设置乙炔瓶库；储存量不超过 40 瓶的乙炔瓶库，可与耐火等级不低于二级的生产厂房毗连建造，其毗连的墙应是无门、窗和洞的耐火墙，并严禁任何管线通过。

② 储存间与明火或散发火花地点的距离，不得小于 15m，且不应设在地下室或半地下室内。

③ 储存间应有良好的通风降温等设施，要避免阳光直射，要保证运输道路畅通，

在其附近设有消防栓和干粉或二氧化碳灭火器（严禁使用四氯化碳灭火器）。

（3）运输

① 吊装搬运时，应使用专用夹具和防震运输车，严禁用电磁起重机和链绳吊装搬运。

② 应轻装轻卸，严禁抛、滚、滑、碰。

③ 车船装运应妥善固定。汽车装运乙炔瓶横向排放时，要头部朝向一方，且不得超过车箱的高度；直立排放时，车箱的高度不得低于瓶高的三分之二。

④ 夏天要有遮阳设施，防止暴晒，炎热天气应避免白天运输。

⑤ 车上禁止烟火，并应备有干粉或二氧化碳灭火器（严禁使用四氯化碳灭火器）。

⑥ 严禁与氯气瓶及易燃物品同车运输。

⑦ 严格遵守交通和公安部门颁布的危险品运输条例及有关规定。

20．焊接（切割）工作完成后应进行哪些方面的安全检查？

（1）要始终坚持焊割工作大小一个样，安全措施不落实，决不动火焊割。特别注意焊（割）作业已经结束，安全设施已经撤离，结果发现某一部位还需要进行一些微小工作量的焊、割时，绝对不能麻痹大意。

（2）焊接过的受压设备、容器管道要经过水压或气压试验合格后才能使用。凡经过焊割或加热后的容器，要待完全冷却后才能进料。

（3）必须及时清理现场，清除遗留下来的火种。关闭电源、气源。把焊、割炬安放在安全的地方。取出乙炔发生器内未使用的完的电石，存放在电石铁桶内，排除电石污染，把乙炔发生器冲洗干净，加好清水，待下一次使用。

（4）彻底检查所穿的衣服，看是否有阴燃的情况。有一些火灾往往是由焊工穿过的衣服挂在更衣室内，经几小时阴燃后而起火的。

21．焊接设备电气火灾发生的原因是什么？

据对火灾事故的统计，电气火灾事故占各类火灾事故的70%，其中不乏由于电焊设备电气故障引起的火灾。焊接设备电气火灾的主要原因有以下几方面。

（1）接触电阻过大：由于在电阻接触处的金属实际接触面积减少或由于污染形成膜电阻，导致接触电阻过大。接触电阻过大引起的火灾隐蔽性强、蔓延速度快、危害性强。

（2）短路：短路时焊接设备电气系统最严重的一种故障状态。短路时，在短路点或导线连接松动的电气接头处，会产生电弧或火花。电弧温度可达 6 000℃以上，不但可以引燃自身的绝缘材料，还可引燃其附近的可燃物。形成短路的主要原因是：电器设备的选用和安装与使用环境不符，使其绝缘材料在高温、潮湿、酸碱环境条件下受到破坏；绝缘导线由于撕拉、摩擦、挤压、长期接触尖硬物体、动物啮咬等，造成绝缘层机械损伤；电器设备使用时间过长，绝缘材料老化，耐压于机械强度下降；电器设备或线路使用维护不当，长时间带“病”运行，扩大了故障范围；出现错误电气操作等。

（3）过载：在焊接设备电气系统的配电线路中，如果在时间过长，将导致导线过热，带来引燃危险。造成过载的原因主要有：设计、安装时选型不正确，使电气设备的额定容量小于实际负载量；设备或导线随意装接，增加负荷，造成超载运行；检修、维护不及时，使设备或导线长期处于带“病”运行状态。

22．如何预防焊接设备电气火灾的发生？

（1）选用阻燃性材料制造的电线、电缆。氧指数在 27 以上的材料为阻燃性材料。阻燃性材料能保证短路电弧熄灭后或外部火焰熄灭后，电线电缆不再继续燃烧，而且在一定的火焰温度中，经过一定的时间，最里面的绝缘层仍有足够的绝缘能力，以维持充电。

（2）电气设备的散热措施要齐全有效。

（3）接地装置要可靠。

（4）导线连接要可靠。

（5）要有可靠的过载保护。

（6）正确选择导线面积。

23．电焊工安全作业运行的内容是什么？

电焊工安全作业运行的内容如图 5-1 所示。

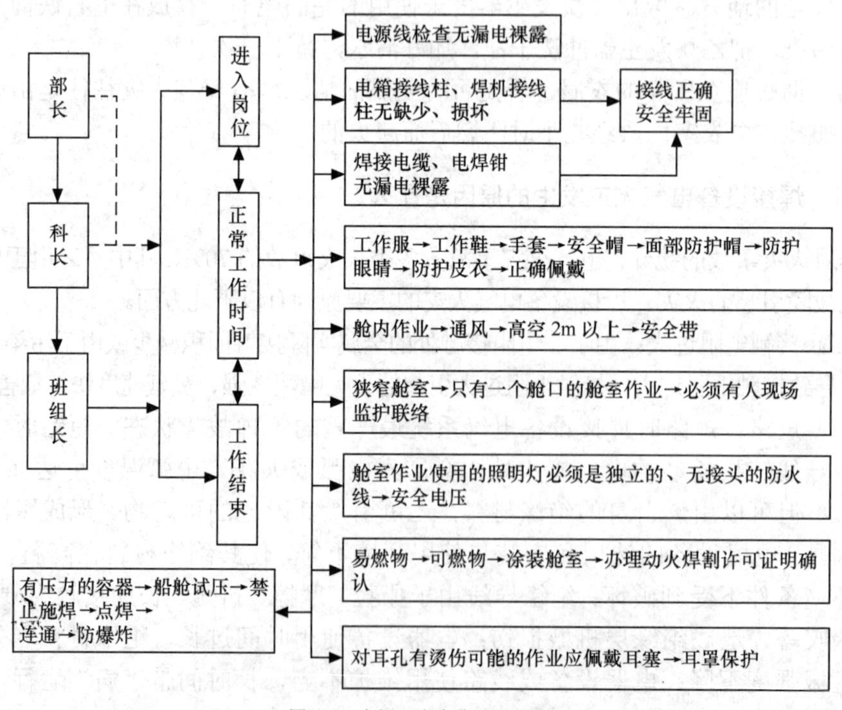

图 5-1　电焊工安全作业运行图

事故案例

安全观念树立不牢，生产事故不会减少。
忽视安全求高产，酿成事故后悔晚。
违章操作祸无穷，事故出在鲁莽中。

案例1　错接零线和火线　造成触电死亡

1．事故概述

某厂有位焊工到室外临时施工点焊接，焊机接线时因无电源插座，便自己将电缆每股导线头部的胶皮挂掉，分别弯成小钩接在露天的电网线上，由于错把零线接到火线上，当他调节焊机电流用手触及外壳时，即遭电击死亡。

2．事故原因

（1）焊接设备接线必须由电工进行，焊工不得擅自进行。

（2）焊机外壳本来是接到电源零线的，由于焊工不熟悉有关电气安全知识，将零线和火线错接，导致焊机外壳带电，是造成触电死亡事故的直接原因。

案例2　更换焊接条时手触焊钳口　造成触电死亡

1．事故概述

某造船厂有一位年轻的女电焊工正在船舱电焊，因船舱内温度高而且通风不好，身上大量出汗，帆布工作服和皮手套已湿透。在更换焊条时触及焊钳口，因痉挛后仰跌倒，焊钳落在颈部未能解脱，造成电击，事故发生后经抢救无效而死亡。

2．事故原因

（1）焊机的空载电压较高，超过了安全电压。

（2）船舱内温度高，焊工大量出汗，人体电阻降低，触电危险性增大。

（3）触电后，未能及时发现，电流通过人体的持续时间较长，使心脏、肺部等重要器官受到严重破坏。

案例3 接线板短路 造成触电死亡

1. 事故概述

某厂点焊工甲和乙进行铁壳点焊时，发现焊机一段引线圈已断，电工只找了一段软线交乙自己更换。乙换线时，发现一次线接线板螺栓松动，使用板手拧紧（此时甲不在现场），然后试焊几下就离开现场，甲返回后不了解情况，便开始点焊，只焊了一下就大叫一声倒在地上。工人丙立即拉闸，事故发生后经抢救无效而死亡。

2. 事故原因

（1）电工未及时进行设备维修。
（2）因接线板烧损，线圈与焊机外壳相碰，因而引起短路。
（3）焊机外壳未接地。

案例4 未按要求穿戴防护用品 造成触电死亡

1. 事故概述

上海某机械厂结构车间，用数台焊机对产品机座进行焊接。一名焊工未戴绝缘手套，未穿绝缘鞋，工作前也未检查设备绝缘层有无破损，接地是否良好，便左手扶焊机，右手合电闸。就在合电闸的一瞬间，他随即大叫一声，倒在地上，经送医院抢救无效死亡。

2. 事故原因

（1）电焊机机壳带电。工作前未检查设备绝缘层有无破损。
（2）焊机接地失灵。工作前未检查设备接地是否良好。
（3）焊工未戴绝缘手套及未穿绝缘鞋。

案例5 “长江明珠”号旅游船特大火灾事故

1. 事故概述

1990年9月11日20时许，位于重庆市江北区唐家沱东风船厂铜钱坝长江边人民九号工作囤船外档，已基本建成的“长江明珠”豪华旅游船发生特大火灾，主甲板以上设备全部烧毁，直接经济损失 482.7 万余元。

1990 年 9 月 11 日 14 时，建造“长江明珠”号轮的班组长召开碰头会，机电车间钳工组长提出需要一名电焊工，配合舵机房、锅炉房的钳工，焊接拉杆和废气锅炉手动安全泄压阀滑轮固定支架。电焊组长安排焊工韩××参加配合。当晚 19 时左右，韩××按钳工陈××确定的焊点，到一楼开始焊接 3 个锅炉上方顶部支架。在焊第 1 个支架时，钳工张××手托支架，由于电流过大，将二楼甲板烧穿（直径约 0.6cm），韩调整电流后，继续施焊。在焊接第 3 个支架时，陈××接替张××。在 9 号囤船上的专职消防员邓某见“长江明珠”轮二楼甲板上有一道被电焊烧红的约 10cm 长的红杠，离红杠不远处餐厅内堆放有聚氨酯硬质泡沫和木条，即翻上该轮到一楼锅炉房内告诉了韩、陈二人。但韩、陈继续施焊，在焊第 4 个支架时，因电流过大，又将二楼甲板烧穿，而后韩携电焊机到 9 号囤船上换焊机接头。此时邓某又告诉韩，请他们注意防火，韩未理睬。与此同时，陈××到二楼见到了可燃物，也未引起重视，没有将可燃物排除。约 30min 后，韩××回到锅炉房，与陈××继续施焊。在焊接第 5 个支架的过程中，突然听见有人喊“好大的烟子，燃起来了”，韩、陈才停止施焊，但火灾已经发生。

2. 事故原因

（1）直接原因

“长江明珠”号轮船火灾起火点系电焊二楼餐厅后部左侧距中轴线 2.6m、距餐厅后壁 4.9m 的聚氨酯硬质发泡塑料物下方，即锅炉房第 5 号支架焊点的对应面。火灾的直接原因是电焊工在焊接锅炉房顶部安全泄压阀手动滑轮固定支架时，电焊高温灼热顶部铁板，导致该焊点反面（二楼餐厅地面甲板）堆放的聚氨酯硬质发泡塑料被引燃后发生燃烧。火焰通过二楼餐厅木质吊板及周围可燃物质迅速向三楼以上建筑燃烧，烧毁主甲板以上全部设施。

（2）这是一起人为的重大责任事故。韩××系持证上岗的电焊工，熟悉厂规“六不焊割”中“焊接部位反面情况不清不焊割”的操作常识。操作前未检查现场环境，不按规程操作，施焊过程中，消防队员明确告知焊点反面甲板被烧红，并堆放可燃物后仍不去检查，继续违章作业，在焊接第 5 个支架时引燃反面聚氨酯硬质发泡塑料，导致这场火灾事故的发生。

陈××，亲自确定焊点后，应按该厂操作习惯规范，即电焊工配合钳工作业时，钳工应负责看火，而陈××在对焊点背面未做检查的情况下，盲目指挥电焊工韩××动火作业，当消防队员来制止和告诉背面有可燃物，且其也发现焊点背面有聚氨酯发泡塑料和木条后，不向韩××讲明情况，更未采取措施予以排除，对工作极不负责任。

邓某身为专职消防员，在发现火情隐患后，没有引起足够的重视，也未采取坚决的制止措施。对这场火灾事故亦负重要的责任。

案例6 低级违章作业 造成触电死亡

1. 事故概述

2002年5月7日，某电厂多经公司检修班职工刁某带领张某检修380V直流焊机。电焊机修后进行通电试验良好，并将电焊机开关断开。刁某安排工作组成员张某拆除电焊机二次线，自己拆除电焊机一次线。约17：15，刁某蹲着身子拆除电焊机电源线中间接头，在拆完一相后，拆除第二相的过程中意外触电，经抢救无效死亡。

2. 事故原因

（1）刁某已参加工作10余年，一直从事电气作业并获得高级维修电工资格证书，在本次作业中刁某安全意识淡薄，工作前未进行安全风险分析，在拆除电焊机电源线中间接头时，未检查确认电焊机电源是否已断开，在电源线带电又无绝缘防护的情况下作业，导致触电。刁某低级违章作业是此次事故的直接原因。

（2）工作组成员张某在工作中未有效地进行安全监督、提醒，未及时制止刁某的违章行为，是此次事故的原因之一。

（3）该公司于2001年制订并下发了《电动、气动工器具使用规定》，包括了电气设备接线和15种设备的使用规定。文件下发后组织学习并进行了考试。但刁某在工作中不执行规章制度，疏忽大意，凭经验、凭资历违章作业。

案例7 违章操作 造成10人死亡

1. 事故概述

1988年4月10日，江洲造船厂安技科、保卫科、消防队等工作人员准备对274号潜艇周围的地面油污进行清除。当日14时许，李××到三零三车间上班，在没有接到易燃易爆危险场所明火作业施工单的情况下，将氧气阀门和乙炔阀门同时打开，拿起氧割枪试了火，然后把氧气、乙炔输气胶管及氧割枪拉到二七四号潜艇7、8号燃油压载水仓的底部，欲对艇尾部至艇首之间的第三块格子板动火切割，此时，被安技科副科长韩××发现制止。当韩××举步之际，李××又对韩××说："我还有一点点没有割完，让我割掉吧。"韩指向站在距274号潜艇右舷不远的消防队员说，"你去找消防队员。"李××在没有通知消防队员的情况下，又不按照《气割（气焊）工安全技术操作规程》中第三条的规定，采取可靠的防火措施，擅自动火切割，氧割枪火头引燃了格子板渗透的残油，顿时274号潜艇的7、8号舱的底部全部着火燃烧，将在该两舱内进行除锈作业的10名女临时工烧死，4名女临时工烧伤，潜艇部分零件和船台小车被烧坏，造成经济损失5万多元。

2．事故原因

（1）不服从管理。李××在没有接到易燃易爆危险场所明火作业施工单的情况下，擅自动火切割，被安技科长韩××发现制止后，又擅自动火切割，引燃油污起火。

（2）不按规定办事。《气割（气焊）工安全技术操作规程》第三条明文规定，在易燃易爆危险场所作业，必须采取可靠的防火措施。李××切割时即没有采取防火措施，也没有向消防人员报告，导致大火失控。

案例 8　违反安全操作规程　导致触电身亡

1．事故经过

2005 年 8 月 4 日 18 时 15 分，某公司职工李某和董某在散装货船机舱安装管道，李某安排董某用电焊机对管道法兰进行点焊，李某听到董某的摔倒声，发现董某躺在钢管上，焊钳在其胸部遭到电击，李某将董某背出船舱，并将董某送往医院抢救无效后，于当日 19 时许死亡。

2．事故原因

（1）死者违反安全操作规程。在此事故中，死者董某违反安全操作规程，在进行焊接作业时，未穿绝缘鞋，造成了事故的发生，对此事故的发生负有主要责任。

（2）电焊机的电源处未安装漏电保护器。在此事故中，张某对电焊机等电气设备的安全管理不到位，对电焊机未进行安全检查，未安装漏电保护器，对此事故的发生负有重要责任。

（3）该企业对安全管理不严，对职工安全教育不够，现场安全管理不到位，疏于对电气设备和人员的安全管理。

（4）该企业未建立安全生产的各项规章制度，特别是无电气设备的维修、保养和检查制度。

第七篇　汽车维修安全知识

安全知识

安全是幸福的基础，遵章是幸福的摇篮。
盲目蛮干是事故的导火索，谦虚谨慎是安全的铺路石。
以安全促生产，以安全求效益。

1. 使用钳子时要注意哪些安全事项？

汽车上常用钳子有鲤鱼钳和尖嘴钳两种。按钳子的长度不同可以分为150mm、165mm、200mm和250mm等多种规格，常用于夹持小工件、切割金属丝、弯折金属材料等。

（1）钳子的规格应与工件规格相适应，以免钳子小工件大造成钳子受力过大而损坏。

（2）使用前应先擦净钳子柄上的油污，以免工作时滑脱而导致事故。

（3）使用完应保持清洁，及时擦净。

（4）严禁用钳子代替扳手拧紧或拧松螺栓、螺母等带菱角的工件，以免损坏螺栓、螺母等工件的棱角。

（5）使用时，不允许用钳柄代替撬棒撬物体，以免造成钳柄弯曲、折段或损坏，也不可以用钳子代替锤子敲击零件。

2. 使用螺丝刀时要注意哪些安全事项？

螺丝刀是一种用于拧紧或拧松带有槽口的螺栓（钉）的手用工具。汽车维护中常用的螺丝刀有平螺丝刀、“十”字螺丝刀、偏置螺丝刀等。

螺丝刀的构造不同可分为木（塑）柄螺丝刀、穿心螺丝刀、夹柄螺丝刀等。

（1）螺丝刀在使用前应先擦净螺丝刀柄和口端的油污，以免工作时滑脱而发生意外。

（2）选用的螺丝刀口端应与螺栓（钉）上的槽口相吻合。螺丝刀口端太薄易折断，太厚则不能完全嵌入槽口内，而易使螺丝刀口和螺栓（钉）槽口损坏。

（3）使用时，不允许将工件拿在手上用螺丝刀拆装螺栓（钉），以免螺丝刀从槽口滑出伤手。

（4）使用时，不可用螺丝刀当撬棒或凿子使用，除夹柄螺丝刀外，不允许用锤子敲击螺丝刀柄。

（5）使用时，不允许用扳手或钳子扳转螺丝刀口端的方法来增大扭力，以免使螺丝刀发生弯曲或扭曲变形。

（6）正确的握持方法应以右手握持螺丝刀，手心抵住螺丝刀柄端，让螺丝刀口端与螺栓（钉）槽口处于垂直吻合状态。当开始拧松或最后拧紧时，应用力将螺丝刀压紧后再用手腕力按需要的力矩扭转螺丝刀；当螺栓松动后，即可使手心轻压住螺丝刀柄，用拇指、中指和食指快速扭转；使用较长的螺丝刀时，可用右手压紧和转动螺丝刀柄，左手握住螺丝刀柄中部，防止螺丝刀滑脱，以保证安全工作。

（7）使用完毕，应将螺丝刀滑脱擦拭干净。

3．使用锤子时要注意哪些安全事项？

汽车维护中常用的锤子又称手锤子，俗称榔头，其种类有圆头锤子和横头锤子两种。在选用时，应根据用途选择不同形式的锤子。锤子的规格是以锤子本身质量为计算单位规定的。

（1）锤子使用前，必须检查锤柄是否安装牢固，如有松动应重新安装，以防在使用时由于锤子脱出而发生伤人或损物事故。

（2）使用锤子时，应将手上和锤柄上的汗水和油污擦干净，以免锤子从手中滑脱而发生伤人或损物事件。

（3）使用锤子时，手要握住锤柄后端。握柄时手的握持力要松紧适度，这样才能保证锤击时灵活自如。锤击时要靠手腕的运动，眼应注视工件，锤头工作面和工件锤击面应平行，才能使锤面平整地打在工件上。

（4）使用前，应清洁锤头工作面上的油污，以免锤击时发生滑脱而敲偏，损坏工件或发生意外。

（5）在锤击铸铁等脆性工件和截面较薄的零件或悬空未垫实的工件时，不能用力太猛，以免损坏工件。

（6）使用完毕，应将锤子擦拭干净。

4．使用扳手时要注意哪些安全事项？

扳手是一种用于拆装带有棱角的螺母、螺栓的工具。根据用途的不同，常用的有开口扳手、梅花扳手、活动扳手、套筒扳手、管子扳手、扭力扳手、专用扳手等多种。

（1）开口扳手。开口扳手俗称呆扳手，常用的有6件套、8件套两种，使用范围在6mm～24mm。按其结构形式可分为双头扳手和单头扳手两种；按其开口角度又可分为 15°、45°、90°三种。这种扳手主要用于拆装一般标准规格的螺栓和螺母，使用时可以上、下套入或直接插入，具有使用方便的特点。

（2）梅花扳手。常用的梅花扳手有6件套、8件套两种，使用范围在5.5mm～27mm。梅花扳手两端是套筒式圆环状的，圆环内一般有12个棱角，能将螺母或螺栓的六角部分全部围住，从而保证工件的安全可靠性。其用途与开口扳手相似，具有更安全可靠的特点。

（3）套筒扳手。套筒扳手是一种组合型工具，使用时由几件共同组合成一把扳手。常用的套筒扳手有13件套、17件套、24件套等多种规格。套筒扳手适合拆装部位狭小、特别隐蔽的螺栓或螺母。其套筒部分与梅花扳手的端头相似，并制成单件，根据需要，选用不同规格的套筒和各种手柄进行组合。例如，活动手柄可以调整所需力臂；快速手柄用于快速拆装螺栓、螺母，同时还能配用扭力扳手显示扭紧力矩，具有功能多、使用方便、安全可靠的特点。

（4）活动扳手。活动扳手的开口端根据需要可以在一定范围内进行调节，主要用于拆装不规则的带有棱角的螺栓或螺母。在使用时必须将活动钳口的开口尺寸调整合适。应使扳手的活动钳口承受推力，固定钳口承受拉力；使用时用力要均匀，以免损坏扳手或使螺栓、螺母的棱角变形，造成打滑而发生事故。

不论使用何种扳手，最好的使用效果是拉动。若必须推动时，也只能用手掌来推，并且手指要伸开，以防螺栓或螺母突然松动而碰伤手指。要想得到最大的扭力，拉力的方向一定要和扳手柄成直角。

（5）管子扳手。管子扳手是一种专门用于扭转管子、圆棒以及用其他扳手难以夹持，扭转光滑的圆柱形工件的工具。由于管子扳手的钳口上有齿槽，使用时应尽量避免将工件表面咬毛；另外不能用管子扳手代替其他扳手来旋转螺栓、螺母或其他带有棱角的工件等，以免损坏螺栓、螺母等的菱角。

（6）扭力扳手。扭力扳手是一种与套筒扳手中的套筒配合使用，能显示扭转力矩的专用工具。用扭力扳手拧紧螺栓或螺母时，其扭矩的大小能及时指示出来，扭矩的单位是N·m。汽车维护中常用扭矩扳手的规格为0～300N·m。在维护作业中，凡是有扭紧力矩要求的螺栓或螺母，均需用扭力扳手将螺栓或螺母拧到规定力矩。

使用扭力扳手必须符合规定，切忌在过载情况下使用而造成扭力扳手失准或损坏。用毕应将扭力扳手平稳放置，避免因重物撞、压造成扳手杆或指针变形而影响扳手的精度和准确，甚至损坏扳手。

（7）专用扳手。专用扳手是一些用途较为单一的特殊扳手的通称。通常以其用途或结构特点来命名。每一种专用扳手，又可以按照不同规格和尺寸进行分类。在使用专用扳手时，必须选用与零件相适应的扳手，以免扳手滑脱伤手或损坏零件。

5. 使用活塞环拆装钳时要注意哪些安全事项？

活塞环拆装钳是一种专门用于拆装活塞环的工具。使用活塞环拆装钳拆装活塞环时，具有安全、方便、可靠等特点。

使用活塞环拆装钳时，将拆装钳上的卡环卡住活塞环开口，握住手把稍稍均匀地用力，使得拆装钳手把慢慢地收缩，而环卡将活塞环徐徐地张开，使活塞环能从活塞环槽中取出或装入环槽内。

使用活塞环拆装钳拆装活塞环时，用力必须均匀，避免用力过猛而折断或损坏活塞环，同时也能避免伤手事故。

6．使用气门弹簧拆装架时要注意哪些安全事项？

气门弹簧拆装架是一种专门用于拆装顶置气门弹簧的工具。

使用时，将拆装架托架抵住气门，压环对正气门弹簧座，然后压下手柄，使得气门弹簧被压缩，这时可取下气门弹簧锁销或锁块，慢慢地松抬手柄，即可取出气门弹簧座、气门弹簧和气门等。

7．使用千斤顶时要注意哪些安全事项？

千斤顶是一种最常用最简单的起重工具，按照其工作原理可分为机械丝杆式和液压式，按照所能起顶质量可以分为 3 000kg、5 000kg、9 000kg 等多种不同规格，目前被广泛使用的是液压式千斤顶。

液压式千斤顶的使用方法如下。

（1）起顶汽车前应把顶面擦拭干净，拧紧液压开关，把千斤顶放置在被顶部位的下部，且使千斤顶与重物（汽车）间相互垂直，以防千斤顶滑出而造成事故。

（2）旋转顶面螺杆，改变千斤顶顶面与汽车间的原始距离，使起顶高度符合汽车需顶高度。

（3）用三角形垫木，将汽车着地车轮前后塞住，防止汽车在起顶过程中发生滑溜事故。

（4）用手上下压动千斤顶手柄，被顶汽车逐渐升到一定高度，在车架下放入搁车凳。

（5）徐徐拧松液压开关，使汽车缓慢平衡地下降，架稳在搁车凳上。

要注意的安全事项如下。

（1）工作前检查千斤顶是否灵活、好用，发现问题及时处理。

（2）不准超负荷使用。

（3）汽车在起顶或下降过程中，绝对禁止在汽车下面进行作业。

（4）汽车下降时，液压开关应徐徐松开，不能过快，以免汽车下降速度过快而发生事故。

（5）在松软路面上使用千斤顶起顶汽车时，应在千斤顶底部下加垫一块有较大面积且能承受压力的材料（如木板等），以减小底座对地面的正压力，防止千斤顶在汽车重压下而下沉。

（6）千斤顶把汽车顶起后，当液压开关处于拧紧状态时，若发生自动下降故障，则应寻找原因，及时排除后方可继续使用。

（7）如发现千斤顶缺油时，应及时补加规定油液，不能用其他油液或水代替。

（8）千斤顶不能用火烘热，以防皮碗、皮圈损坏。

（9）千斤顶必须垂直放置，以免油液渗漏而失效。

（10）几台千斤顶同时作业时，要同步以保持重物平稳。

（11）操作千斤顶时不准接长压力杆工作。

（12）工作结束后，将所用物料、工具收回原处，摆放整齐。

8. 使用举升器时要注意哪些安全事项？

举升器用于整车的举升，常用的举升器有双柱举升器和四柱举升器。

双柱举升器适用于轿车和小型汽车的举升，使用时把汽车驶到两柱之间，将支撑臂转到支承位置。举升时支撑臂不能与汽车的其他部位发生干涉，并确保汽车升起后前后的平衡。四柱举升器适用于所有车型，使用时把汽车驶向举升台，用楔形块将汽车车轮楔住，举升后汽车仍以车轮为支撑，若需拆卸车轮则使用举升器副梁做支撑。当车辆举升到所需高度时，必须将举升器锁定好，才能进行车辆的维护作业。落下举升器时，应先检查车底下有无不安全情况后才能下降。

9. 使用滑脂枪时要注意哪些安全事项？

滑脂枪又称黄油枪，是一种专门用来加注润滑脂的工具。

滑脂枪的使用方法如下。

（1）添装黄油

① 拧下滑脂枪压力缸筒后盖。

② 把干净黄油分成一小团、一小团，徐徐装入缸筒内，且使黄油团之间尽量相互贴紧，便于缸筒内空气排出。

（2）注油方法

① 把滑脂枪接头对正被润滑的黄油嘴（滑脂嘴），直进直出，不能偏斜，以免影响黄油加注和减少润滑脂的浪费。

② 注油时，如注不进时，应立即停止注油，并查明堵塞的原因，排除后再进行注油。

使用滑脂枪不进油时，应注意事项如下。

（1）滑脂枪缸筒内无黄油或压力缸筒内的黄油间有空气。

（2）滑脂枪压油阀堵塞或注油接头堵塞。

（3）滑脂枪弹簧疲劳过软而造成弹力不足或弹簧折断而失效。

（4）柱塞磨损过甚而漏油。

（5）滑脂嘴被泥污堵塞而不能注入黄油。

10. 使用钳台时要注意哪些安全事项？

在使用台钳操作中应遵守以下安全生产的基本要求。

（1）操作时应按规定穿工作服，尤其上衣的袖口和下摆要扎紧。

（2）在钳台上工作时，量具不能与其他工具或工件混放在一起，各种量具也不要互相叠放，应放在量具盒内或专用架上。

（3）在钳台上工作时，为了取用方便，右手取用的工量具放在右边，左手取用的工量具放在左边，各自排列整齐，且不能使其伸到钳台边以外。

11．发动机启动的安全操作规程是什么？

（1）启动发动机前应对以下各项进行检查。

① 油底壳内的机油是否足够。

② 散热器内的水是否加满。

③ 变速器换挡杆是否在空挡位置或在P位。

④ 手制动器是否拉紧。

（2）在车间内起动发动机进行检查调整时，应打开门窗使空气畅通，必要时将排气管接出室外。

（3）在发动机运转时进行工作，应防止被风扇打伤和被排气管灼伤。

（4）发动机启动后，应及时注意各项仪表、指示灯的工作情况是否正常，有无异样声响和其他异常现象。

（5）当柴油机调速器失灵时，应立即切断油路或气路，以免发生“飞车”事故。

12．汽车维护作业的安全操作规程是什么？

（1）维护汽车，应在安全合适的场地进行，悬挂“正在维护”字样的标志牌，同时用三角垫木塞在车轮前后，以防发生滑溜事故。

（2）维护运转中的发动机，应注意防止风扇叶片打（刮）伤工作人员，发动机高温件烫伤人体；当发动机冷却液温度很高时，不能用手直接打开散热器盖。

（3）在汽车下部进行维护作业时，不宜直接躺在地下，应尽量使用作业卧板，或者将汽车停放在作业地沟或汽车举升器上进行维护作业。

（4）使用千斤顶顶升汽车时，作业人员应位于汽车的外侧位置。汽车顶起后用专用支撑工具支撑住，最好用搁车凳。若仅用千斤顶支承汽车，则严禁在车上或车下进行维护作业。

（5）应按照装配操作规程进行总成装配作业，以免发生事故。

（6）进行发动机运转试验时，不准在车下进行其他作业。

13．维修场地、汽油的放置、焊补油箱、油管的检查的安全操作规程是什么？

（1）场地必须具备良好的通风条件，使燃油气体、工作废气易于散发，避免中毒事件发生。

（2）作业间不准使用明火，不准吸烟。沾过汽油的棉纱、破布等废物要集中妥善处理，以免引起火灾。

（3）砂轮机、钳台附近不准放置汽油盆；汽油必须用有盖的容器盛装。

（4）焊补燃油箱前应先仔细清洗干净，确认没有燃油后才能进行焊补作业。

（5）存放乙基汽油的地方和容器，应标明“有毒”字样。

（6）不能用嘴吸、吹汽油管道，如需检查油管是否保持畅通，可用压缩空气或打气筒进行检查。

（7）维护作业结束后，必须清扫维护作业场地，做好清洁工作。

14. 汽车路试的安全操作规程是什么？

（1）风扇叶子、发动机罩等未安装牢固时，不准进行试车。

（2）仪表和各部机件装配不符合要求或工作不正常时，应排除后方可进行试车。

（3）路试车辆，必须将试车号牌悬挂在明显部位。如需进行制动效果的试验时，必须根据交通情况，在保证安全的情况下，方可在允许测试制动效能的路段进行制动效能的检查。

（4）行驶一段路程后，应停车检查车辆各部件是否正常，如有不正常时，应立即予以修复后方可继续进行路试。

（5）路试作业必须由正式驾驶员进行操作。

15. 汽车维修过程中应注意什么？

（1）搬运重物时的要求如下。

① 搬起重物时，应马步拿起，站起后先挪动脚移步，不能先转身以防止扭伤腰腿。

② 要量力而行，不要拿起超过自己力所能及的重物。

（2）检查车辆前应着工作服。

① 其服装口袋中不得装有金属等硬物（如钥匙、剪刀等）以防止划伤、顶伤车身油漆等。

② 同时手上应戴防静电手套，以免损伤发动机电器装置等。

16. 使用蓄电池的安全规则是什么？

（1）操作者必须是经过技术培训，并取得合格证者。

（2）蓄电池室内严禁烟火，并必须在蓄电池室门上挂有“严禁烟火”的明显标记。

（3）操作者必须穿耐酸服或胶皮围裙、胶皮鞋子，戴胶皮手套、防护眼镜等。

（4）搬动蓄电池时应轻拿轻放，不可歪斜，以免电解液泼溅到衣服或皮肤上，引起腐蚀或灼伤。如遭到泼溅，应立即用碳酸钠溶液或苏打溶液清洗，然后再用清水冲洗。

（5）检查电解液密度和液面高度时，仪器稍微离开电解液注入口即可，不要将仪器提得过高，以免电解液滴溅到身上或其他物件上。

（6）各种金属物及油料容器，禁止放在蓄电池的壳体上。

（7）应使用陶瓷或玻璃容器配置电解液。配制过程中，应将硫酸慢慢倒入水中，绝对不能将水倒入硫酸中。因为水倒入硫酸时，温度急剧上升，会产生大量的蒸汽，使硫酸四溅，灼伤人体或衣物，甚至使容器炸裂造成事故。

（8）在蓄电池室内需焊接工作时，必须在充完电后 2h 以上方可进行。用石棉板将焊接地点与其他电池隔离起来。在电池充电期间严禁在室内进行焊接工作。

（9）电池充电接线时，必须看清正负极，严禁接错。

（10）充电过程中按时检查电池的电压、比重、温度（不超 43℃）并做好记录。

（11）充电时，要经常检查蓄电池壳盖透气情况，充电时必须将小盖打开，严禁关闭以防爆炸。

（12）充电时中途停电或发生故障时，必须立即切断直流电源，然后关充电设备，防止电源倒送。

（13）充电结束，切断电流。

17. 使用乙基汽油的安全规则是什么？

汽油的抗爆性是汽油的一项主要性能指标。加高温高压所提炼出来的裂化汽油，抗爆性较差，为了提高汽油的抗爆震能力，在汽油中有时加入少量的抗爆剂——四乙铅。按四乙铅燃烧后易生成固体的氧化铅，沉积在活塞、燃烧室、气门和火花塞上，从而引起气门漏气、火花塞电极短路等现象，所以，向汽油中添加的四乙铅中还混合有一种称为“携出剂”的物质（如溴乙烷等），使铅变成挥发性的盐类，随废气排除。这种四乙铅与携出剂的混合物称为乙基液。四乙铅有毒，故加入四乙铅的汽油常染成红色，以便识别，防止使用中毒。

凡修理使用已基汽油的轿车时，应遵守以下安全规则。

（1）修理车间必须充分地通风，使汽油蒸汽和废气容易排出。

（2）在修理作业中，应注意某些零件可能会有有毒的铅质沉淀物，如用机械方法清除积碳时，应先用煤油将积碳润湿，以免刮下的有毒粉末飞扬，吸入人体内引起中毒。

（3）修理汽油箱时，应先用煤油反复清洗几次，以清除其中可能有毒的沉淀物。

（4）用打气筒或压缩空气来疏通化油器量孔及各汽油管时，切记用嘴吹。

（5）接触乙基汽油的维修人员，在进食、吸烟和工作结束时，必须用肥皂洗手。

18. 汽车喷涂作业的一般安全措施是什么？

（1）手工清除铁锈、旧涂膜、焊渣及打磨时应戴护目镜、棉纱手套，穿工作服和穿带钢头的防滑皮鞋。用溶剂型清洁剂清洗工作，用脱漆水脱漆，喷涂时应该戴上护目镜、橡胶手套、双筒活性炭口罩，穿护静电工作服和带钢头的防滑皮鞋。如果喷涂的是含异氰酸酯化剂的双组分涂料，必须戴供气式面罩。

（2）施工环境要有良好的通风条件，尤其是室内施工时。在喷漆房内，充足的空气交换量不仅有利于涂层干燥，还能及时排出有害漆雾和挥发性气体。如果是干打磨，要安装吸尘装置。

（3）在进行登高作业时，要注意凳子是否牢固，严禁穿拖鞋操作和登高，超过一定高度时必须系安全带。

（4）使用电动机操作时，应该检查电线是否歪接地，电线要用胶管保护。在潮湿场地操作时，必须穿胶皮鞋，戴橡胶手套。

（5）施工场地的照明设备必须有防爆装置。涂料仓库照明开关应安装在库房外面。

（6）电气设备（空气压缩机、电器工具、照明设备）发生故障时，应立即切断电源，并且立即报告，由专业人员进行检修。修理电气设备时，要切断电源，所有能够接通电源的配电柜或开关箱都要上锁，并且挂上禁止开启的警告标牌。

（7）操作人员要熟悉所使用的设备（空气压缩机、通风设备及其他设备），定期检查有关设备和装置（如储气筒、安全阀等）。

（8）使用空气压缩机的安全阀时，随时注意压力计的指针不要超过极限红线。

（9）施工场地的易燃品、棉纱等要随时清除，并且严禁烟火。涂料库房要隔绝火源，应配备消防器材，应有严禁烟火的标志。

（10）施工完毕后，盖紧涂料桶盖，收拾零散工具，清理余料和棉纱，防护用品放入专用柜中。

19. 汽车喷涂作业的防毒措施是什么？

涂装施工中所使用的涂料和熔剂大部分都是有毒、有害物质。吸入喷涂时产生的漆雾或涂膜在干燥过程中挥发出来的熔剂气体会危害人体健康。空气中的溶剂超过一定浓度时，对人体中枢神经系统有严重的刺激和破坏作用，会引起抽筋、头晕、昏迷等症状。为确保操作者身体健康，主要靠排气或换气来使空气中的熔剂蒸气浓度降低到最高许可浓度以下，一般最高许可浓度是毒性下限值的1/10～1/2。我国颁布的《工业企业设计卫生标准》中对空气中各种有机溶剂量最高浓度允许值有明确的规定，如表6-1所示。

表6-1　有机溶剂在空气中所允许的最高浓度

有机溶剂	最高允许浓度/（mg/m^3）	有机溶剂	最高允许浓度/（mg/m^3）
苯	50	乙醇	1500
甲苯	100	丙醇	200
二甲苯	100	丁醇	200
丙酮	400	戊醇	100
松香水	300	醋酸甲酯	100
松节油	300	醋酸乙酯	200
二氯乙烷	50	醋酸丙酯	200
三氯乙烷	50	醋酸丁酯	200
氯苯	50	醋酸戊酯	100
甲醇	50		

为防止发生中毒事故，施工中应该注意以下几点。

（1）施工场地应该有良好的通风或者安装排风设置，使空气畅通，加速熔剂气体散发，降低熔剂在空气中的浓度。要有吸尘装置，可以及时抽走磨料粉尘。

（2）施工时如果感到头痛、眩晕、心悸、恶心，应立即停止工作，到室外空气清新的地方休息，严重的应该及时进行治疗。

（3）长期接触漆雾和有机熔剂气体的人员有可能发生慢性中毒，所以涂装施工人员要定期检查身体，发现有中毒迹象，应该调离原工作岗位。

（4）涂料及有机熔剂通过肺部吸入人体，因此在喷涂时要带供气式面罩或活性炭口罩。如果喷涂含有异氰酸酯固化剂的涂料，或者空气中的氧气含量低于19.5%时必须戴供气式面罩。供气式面罩根据气源的种类分为自带气源和车间压缩气源两种。

自带起源的是带一台小型无油润滑型气泵，该气泵可以为一套或两套供气式面罩提供空气。气泵进气口必须安装在空气清新干净的地方，可以将气泵安装在车间的外墙上，远离车间操作产生的粉末和废气。如果不得不使用车间的压缩气源，必须配置空气过滤器，过滤掉空气中的油、水、颗粒和异味。空气供给系统中还必须配备气压调节阀和自动控制装置，当面罩内空气温度过高时会自动报警或者直接关闭压缩机，因为温度过高会导致供给空气中的一氧化碳含量过高。

（5）有机溶剂蒸发可以通过皮肤渗入人体，因此在喷涂完毕后要用肥皂洗脸和手，条件许可时，喷涂完毕后应该淋浴。为了保护皮肤，施工前可以在暴露在外的皮肤上涂抹防护油膏，施工后洗干净，再涂抹润肤霜以保护皮肤。

（6）有些含铅质颜料的涂料（如红丹）毒性很大，不可喷涂，只宜刷涂。一些含有毒重金属如铬、镉的底漆，打磨时一定要注意防尘。

（7）施工时熔剂溅入眼睛内，应立即用清水冲洗，然后送医院治疗。

（8）喷涂完毕后要多喝水，以湿润气管，增强排毒能力。平时多喝牛奶，可有利于排毒。

20. 汽车维修工要遵守哪些安全操作规程？

（1）工作前应检查所使用的工具是否完整无损，施工中工具必须摆放整齐，不得随地乱放。工作完毕应清点检查并擦干净工具，按要求把工具放入工具车或工具箱内。

（2）拆装零部件时，必须使用合适工具或专用工具，不得用硬物、手锤直接敲击零件；零件拆卸完毕应按一定顺序整齐摆放，不得随地堆放。

（3）废油应倒入指定的废油收集桶，不得随地倒掉或倒入排水沟内，以防废油污染。

（4）修维作业时应注意保护汽车漆面光泽，地毯及座位要使用保护垫布、座位套以保持修理车辆的整洁。

（5）在车上修理作业及用汽油清洁零件时不得吸烟，不准在车间内烧烘火花塞或点燃喷灯等。

（6）用千斤顶进行底盘作业时，必须选择平坦、坚实场地并用三角木将前后轮塞稳，然后用安全凳按车型规定支撑稳固，严禁单纯用千斤顶顶起车辆在车底作业。

（7）修配过程中应认真检查原件或更换件是否合乎技术要求，并严格按修理技术规范精心进行施工和检查调试。

（8）发动机过热时，不得打开水箱盖，谨防沸水烫伤。

（9）在地面指挥车辆行驶，移位时，不得站在车辆正前方与后方，并注意周围障碍物。

事故案例

安全利我利他利民，事故害己害家害国。
安全是生命的延续，违章是生命的终结。
严格管理安全在，松松垮垮事故来。

案例1　工具使用不当　造成自己死亡

1．事故概述

北海舰队后勤部直属1419汽修厂，1998年李××修理JN152 黄河汽车手刹车，修理完毕、外撤千斤顶时，他没有考虑汽车落到地面后，离地面间隙过小会造成人身安全的重大事故，没有及时从车下撤出，同时由于轮胎气压严重不足，结果被压在车下造成死亡事故。

2．事故原因

（1）使用千斤顶时禁止在汽车下面进行作业，李××违反了安全规定。

（2）撤千斤顶时没有考虑到汽车落下后对人身安全会有威胁，造成伤亡事故。

案例2　违反实训纪律　造成他人身体伤害

1．事故概述

某厂技工学校的学生在上实训课，张某在用扭力扳手紧固气缸盖，李某偷偷地拿螺丝刀练习刺杀动作玩耍。张某在紧固气缸盖时用力过猛，身体旋转了180°，其右手大臂一下撞在李某拿的螺丝刀上，造成刺伤1cm深的伤口，顿时鲜血直流，张某休息一周才康复。

2．事故原因

实训课中李某违反了“不操作者一律不能拿工具”的管理规定，且利用工具作玩耍动作，是造成张某受伤的主要原因。

案例 3　违规作业　造成重伤

1．事故概述

2005 年 9 月 15 日晚 5 点左右，南京浦口区星甸镇的一家汽车维修店里，27 岁的汽车修理工董某和同伴蹲在地上检修和安装汽车内胎。当董某用小木锤敲打正在电充气的内胎，检测是否充足气时，只听“砰”的一声沉闷巨响，内胎爆胎了，董某当时就瘫倒在地，被爆炸的车胎掀开了颅骨！

2．事故原因

汽车维修行业属于安全生产要求严格的行业，必须严格遵守《汽车修理工安全操作规程》，正确使用设备和专用工具，不锤击、不敲打，不违章作业。更重要的是，员工要穿戴安全帽、防护面具等，才能上岗操作。董某的事故原因就在于违反了《汽车修理工安全操作规程》。

案例 4　违规修车　致两人死亡

1．事故概述

两家没有取得任何行政部门许可的汽车修理厂的修理工因违规操作，造成两人死亡。

事故 1：2007 年 3 月 29 日，位于格尔木市八一东路的放军修理部 38 岁的老板兼修理工韩晨（化名），在焊接前来修理的青 H5372X 的东风康明斯货车时，油箱突然发生爆炸，韩晨当场被炸身亡。

事故 2：2007 年 1 月 27 日，位于格尔木市黄河西路海马宾馆院内一家修理厂的修理工杨朋（化名），在为新 B20786 东风货车检查变速箱时，不小心被卷入传动轴，当场死亡。

2．事故原因

事故 1：韩晨所在的修理部没有取得任何行政许可证件，属无证经营。从爆炸的残留物上分析，焊接油箱时应该将油箱清洗干净方可焊接，但韩晨只将油箱内的油抽掉就直接焊接，导致此次爆炸死亡事故发生。

事故 2：这家修理厂同样没有得到任何行政部门的许可，属私自经营行为。修理厂忽视安全，不按规定操作，是这起事件发生的必然原因。

案例 5　忽视安全　修理工惨死车下

1．事故概述

2006 年 6 月 3 日 18 时许，向春将车开到陈老板汽车维修店，要陈老板修一下货厢的挂钩，割一下货厢底部的角钢，还要调试一下汽车的刹车。陈老板的两个徒弟小徐、小谢立即按照他的要求维修。

工作快要结束时，陈老板的另一个徒弟、17 岁的小罗也来到了现场。陈师傅带领小罗钻到汽车的车厢下面调试刹车，其他人还为他们师徒搬来一个三角木放在汽车右后轮前挡车之用，以免汽车自动滑行。驾驶员向春在一旁走来走去看他们修车。

陈老板见徒弟能够胜任就从汽车的货厢底下钻了出来，并问驾驶员向春："气压够不够？"（意思是气压不够就要给车加气，才能调准刹车），向春回答："气压不够。"然后，向春独自一人进了驾驶室，当时在场的人也没有意识到向春进驾驶室做什么。这时小罗正在调试刹车，汽车却突然发动了。在这危急时刻，在场的所有人不约而同地吼道："不要慌，汽车下面还有人，等人出来后才能点火"。在车厢下面的小罗听到大家的吼声，大惊失色，慌忙从汽车底下往上爬，大家看见他已经把双手伸到了后车轮的外面。

但是，向春似乎没有听到吼声，汽车还是向前冲出了 2m 多，把挡在后车轮的三角木都向前搓拉了 0.5m，并从小罗的上半身碾压过去。小罗面目全非，头部变形，全身是血。向春和修车店的其他人一起把小罗火速送到兆雅镇同仁医院抢救，小罗因抢救无效死亡。

2．事故原因

向春明知车厢底下有人在调试刹车，却疏忽大意，为试气压致车行进，将修理工压死车下。

汽车维修人员没有及时预见事故后果并禁止驾驶员上车私自加气压，也是造成这一事故的一个重要原因。

案例 6　无驾照的修车工试车　将行人当场轧死

1．事故概述

景某，现年 21 岁，中专毕业后一直在登封市大冶镇吴某的汽车门市当修理工，不会开车。

2005 年 1 月 18 日中午，司机刘某因所开的东风货车起动机损坏，将车拖到了吴某的汽车修理门市修理。景某接过刘某的车钥匙进行试车。上车后，景某并不知道车还挂着挡，就启动了汽车，车开始向南顺着路往前溜。景某因不会开车，惊慌失措中开始乱动车上的部件，致使车辆无法控制，将行人孙某当场轧死。肇事车辆向前行驶了二三百米，撞到墙上后才熄火停下。2006 年 9 月 22 日，犯罪嫌疑人景某到公安机关投案自首。

2．事故原因

景某违反了《汽车修理工操作规程》，并且在不会开车的情况下去试车，结果轧死他人，触犯刑律。

案例 7　安全防护意识差　导致尾气中毒死亡事故

1．事故概述

（1）发动汽车取暖，中毒死亡

2006 年 4 月 18 日，乌鲁木齐市发生一起汽车尾气中毒事故，造成 4 人死亡，2 人昏迷。

据初步调查，6 名中毒人员系乌鲁木齐市一家音响修理配件中心工人。当日凌晨 6 人工作结束后，夜宿于该修理中心，因夜间气温较低，他们便发动起一辆汽车用于取暖。由于汽车尾气排放过量，致使 6 人一氧化碳中毒。

（2）关门修发动机，中毒死亡

2008 年 4 月 24 日上午 8 时许，温江柳林路 271 号汽修店里发生一起汽车尾气中毒事故，修车工吴彬死亡。

据介绍，当天晚上比较冷，吴彬想加班把发动机坏掉的奥拓车修好，还把卷帘门拉下来，在房间里修车。他不顾表哥戴小兵的阻拦，犟着要睡在汽修房里。深夜 12 点了，睡在床上的戴小兵还听到隔壁汽修房里的发动机启动声。车子的尾气排出后，充斥在不通风的房间里，吴彬中毒死亡。

2．事故原因

汽车尾气中包含了一氧化碳、二氧化碳、二氧化硫等污浊气体，人体吸入后容易导致缺氧。而人体一旦缺氧，则会出现低氧血症，情况严重时，就会导致死亡。

两起事故都是由于当事人，不懂得安全防护知识，因汽车尾气中毒造成死亡。

案例 8　修车忽视防火　造成 5 人死亡

1．事故概述

2006 年 12 月 21 日，稠江街道稠关村小强汽车修理铺发生火灾，造成 5 人死亡，3 人重伤。

两修理工在搬运盛装汽油的塑料桶，因为手柄断裂汽油迅速流淌，遇到附近煤炉内的明火而猛烈燃烧，其中 5 人死亡，3 人被烧得面目全非。

2．事故原因

（1）这家修理铺没有任何执照，违规经营汽车修理业务，修理铺内存在着严重的消防安全隐患。

（2）维修人员未经过安全生产知识培训，违规架设阁楼用于员工住宿，违规使用明火，违规使用塑料桶盛装汽油。

参 考 文 献

［1］《21 世纪安全生产教育丛书》编写组．新工人入厂安全教育读本（第二版）．北京：中国劳动社会保障出版社，2008．

［2］北京市教委．消防安全．北京：中国统计出版社，2001．

［3］宋志伟，宫毅．学生安全教育读本．北京：高等教育出版社，2007．

［4］胡爱国．安全教育读本．北京：人民教育出版社，2006．

［5］凌志杰，王志洲．安全教育读本．北京：人民邮电出版社，2008．

［6］劳动和社会保障部教材办公室．劳动保护知识（第二版）．北京：中国劳动社会保障出版社，2007．

［7］蒋乃平．中职生安全教育知识读本.北京：高等教育出版社，2006．

［8］王中军．焊接设备电气火灾原因分析及预防．焊工之友，2008（37）．